O MILÊNIO EM QUESTÃO

STEPHEN JAY GOULD

O MILÊNIO EM QUESTÃO

Um guia racionalista para uma contagem precisamente arbitrária

Tradução:
SAMUEL TITAN JR.

COMPANHIA DAS LETRAS

Tradução publicada em acordo com a Harmony Books, uma divisão da Crown Publishers, Inc., Nova York

Título original:
Questioning the millennium: a rationalist's guide to precisely arbitrary countdown

Capa:
Moema Cavalcanti
sobre ilustração dos dias da semana representados pelos deuses Mercúrio (em italiano, *mercoledi*, quarta-feira), Júpiter (*giovedi*, quinta-feira) e Vênus (*venerdi*, sexta-feira).

Preparação:
Isabel Jorge Cury

Revisão:
Ana Maria Alvares
Ana Maria Barbosa

Dados Internacionais de Catalogação na Publicação (CIP)
(Câmara Brasileira do Livro, SP, Brasil)

Gould, Stephen Jay, 1941–
O milênio em questão : um guia racionalista para uma contagem precisamente arbitrária / Stephen Jay Gould ; tradução Samuel Titan Jr. — São Paulo : Companhia das Letras, 1999.

Título original: Questioning the millennium.
ISBN 85-7164-938-3

1. Ano 2000 D.C. 2. Calendário — Aspectos sociais 3. Milênio 4. Racionalismo I. Título.

99-4021 CDD-901

Índice para catálogo sistemático:
1. Milênio : História : Filosofia 901

1999

EDITORA SCHWARCZ LTDA.
Rua Bandeira Paulista, 702, cj. 72
04532-002 — São Paulo — SP
Telefone: (0XX11) 866-0801
Fax: (0XX11) 866-0814
e-mail: editora@companhiadasletras.com.br

À cara memória de meu amigo Carl Sagan,
o mais apaixonado racionalista de nosso tempo,
o melhor advogado da ciência neste milênio

SUMÁRIO

Prefácio

NOSSO MILÊNIO PRECISAMENTE ARBITRÁRIO

Comecei a pensar neste livro na primeira semana de janeiro de 1950. Eu tinha oito anos e boa parte de minha vida girava em torno dos prazeres simples dos rituais semanais. Aos domingos, eu corria para a seção de esportes do *New York Times* e procurava o quadro (impresso em tipo ágata) com o desempenho dos melhores jogadores da liga de beisebol. Pegava uma ficha de arquivo, alinhava sua borda sob uma fileira de estatísticas e então a deslizava vagarosamente para baixo, estudando os números de cada jogador.

A entrega semanal da revista *Life*, órgão por excelência da cultura de classe média, marcava uma segunda atividade — dessa feita, um exame menos sistemático das fotografias. O primeiro número de 1950 atingiu-me com uma força que ainda não consigo compreender, ferreteando em meu córtex uma memória inapagável, tão vívida e duradoura quanto os registros dos eventos mais conturbados da infância — o nascimento de meu irmão caçula, meu pai voltando da guerra. Esse primeiro número de 1950 comemorava o ponto médio do século XX avaliando o que acontecera e prevendo o que o segundo segmento estava por trazer (a publicação desse número especial em janeiro de 1950, e não em janeiro de 1951 — o "verdadeiro" ponto médio para certa escola de pensamento —, é apenas mais um exemplo do debate recorrente, inglório, frustrante, engraçado e de algum modo fascinante em torno da questão insolúvel de saber quando acabam os séculos, tema da segunda parte deste livro e fonte de discussões mais acaloradas que nunca, uma vez que a próxima passagem também marcará o começo de um novo milênio).

Por alguma razão, enquanto eu examinava a revista, meus pensamentos dirigiram-se ao ano 2000. Pela minha matemática de escola primária, eu teria 58 anos, e dois avôs vivos davam prova da grande probabilidade de que eu viesse a testemunhar aquele instante tão mais interessante. Desde então, essa idéia encantadora vem me alentando: eu gozaria do raro privilégio de presenciar uma transição que, por arbitrária que fosse, prenderia a atenção de quase todas as nações. A maior parte das pessoas vive e morre em anos de pouca distinção numérica; considerei-me um sujeito de sorte. Quando por pouco não morri de câncer em meados dos anos 80 e acabei me recuperando, mencionei apenas dois itens a fim de aludir a todas as razões para amar a vida: "Pensei em muitas coisas — que eu tinha de ver meus filhos crescerem, que seria uma pena chegar tão perto do milênio e aí estragar tudo" (prefácio a *The flamingo's smile* [*O sorriso do flamingo*]).

Haverá uma orgia de livros sobre o milênio, e eu odeio ir atrás das multidões. O que, então, além da aquiescência a um capricho infantil de janeiro de 1950, poderia justificar minha contribuição a esse gênero efêmero? Em certo sentido, este livro pode alegar uma omissão como fonte de sua prerrogativa. Evitarei, por inteiro e por princípio, os dois filões da literatura *fin-de-siècle*, em especial de sua vertente apocalíptica inspirada na passagem do milênio. Considero-os temas especulativos, tediosos e tolos por natureza, em sua qualidade de exemplos privilegiados do erro fundamental da "sabichonice": a noção ilusória de que um ataque frontal às grandes questões deve automaticamente propiciar visões mais profundas.

Em primeiro lugar, não farei *nenhuma previsão* sobre o futuro humano, seja para os próximos anos, décadas, milênios ou eras geológicas, seja para indivíduos, famílias ou raças, seja ainda para cidades, nações, hemisférios ou galáxias (limito-me a prever uma enxurrada de livros sobre o milênio). Em segundo lugar, recuso-me a especular sobre a raiz psicológica da angústia que sempre acompanha os fins de século (para não falar dos fins de milênio) ou das crenças apocalípticas que sempre permearam as culturas humanas ao longo da História conhecida, em especial entre os miseráveis e os descontentes.

Em vez disso, quero me limitar a um conjunto de questões milenaristas que poderão parecer insignificantes e risivelmente estreitas se comparadas ao esplendor de futuros ignotos, mas que só têm a ganhar com seus contornos definidos e seu poder de exemplificação frutífera de questões tão gerais como a natureza da verdade e os mecanismos do pensamento humano. Que Deus abençoe os pequenos exemplos e sua cadeia de implicações; não fossem essas pedras preciosas, essas bolotas que trazem em si o protótipo de um carvalho inteiro, e todos os ensaístas perderiam o emprego. Quero falar sobre calendários e números, sobre dedos da mão e do pé, sobre nossa percepção de números "exatos", sobre o Sol e a Lua, sobre a idade da Terra e sobre o nascimento de Jesus.

Todas essas questões cronométricas — preciosamente bem definidas, mas espantosamente amplas — provêm de certa tendência da razão humana e estão por trás das discussões acaloradas que grassam em torno da iminente passagem do milênio. No século II a.C., o dramaturgo romano Terêncio declarou num mote famoso: *Homo sum: humani nihil a me alienum puto* (Sou homem: portanto não posso considerar nada de humano como alheio a mim). Nosso afã de conhecer é tão grande, e nossos erros calam tão fundo! Só podemos nos amar por isso — e mais vale encarar questões estapafúrdias sobre o milênio como exemplos privilegiados de nossa condição única e absurda, isto é, de nossa humanidade.

As questões astronômicas, históricas e cronométricas de que trata este livro repousam sobre a distinção entre o caráter factual da natureza e a relativa arbitrariedade de nossas definições — em outras palavras, sobre a interação da realidade inegável e a flexibilidade das interpretações humanas. Há coisas que simplesmente estão aí — por mais que possamos desmembrar e interpretar tais itens reais de muitíssimas maneiras. Um leão é um leão é um leão — e sua genealogia aproxima-o antes dos tigres que das minhocas; mas reconheço que algum sistema de pensamento humano bem poderia ter por princípio central um nexo espiritual ou metafórico entre leões e minhocas, o que entretanto não alteraria as genealogias da natureza, por mais que se ignorasse ou negasse a árvore evolucionária da vida.

Mas há outras categorias importantes em nossa vida que, por mais precisamente definidas e objetivamente determináveis que sejam, também devem ser julgadas arbitrárias, uma vez que a natureza permite uma pletora de alternativas igualmente aceitáveis, sem entretanto fornecer base factual para a preferência por uma delas. O beisebol é um exemplo disso: cada bola arremessada cruza a base do batedor num lugar preciso, de factualidade inegável — mas as definições de "bola dentro" e "bola fora" são decisões humanas, inteiramente arbitrárias no que diz respeito às leis físicas do arremesso, ainda que perfeitamente razoáveis dentro do sistema de regras e costumes que regula esse esporte (tais definições podem mudar, como freqüentemente ocorre, quando as circunstâncias favorecem uma alteração). De modo semelhante, por mais que a natureza dite os dias por meio da rotação completa da Terra, a separação dos dias em pacotes de sete (as semanas) é uma decisão arbitrária de algumas culturas humanas.

Questões milenaristas são um registro de nossas tendências mais que dos ditames da natureza, uma vez que se localizam no extremo arbitrário desse espectro. No extremo oposto e factual, a natureza nos brinda com três ciclos primários: os dias como rotações da Terra, as lunações (definimos nossos meses de modo ligeiramente diferente, e por razões interessantes) como revoluções da Lua ao redor da Terra, e os anos como revoluções da Terra ao redor do Sol (ao menos quanto a esse ponto, Deus deve ser ou inefável, ou incompetente em matemática, ou ainda um grande brincalhão: decretou esses ciclos primários de tal maneira que nenhum é múltiplo inteiro de outro, o que será o tema principal da terceira parte deste livro e origem de muitas questões milenaristas).

Numa posição intermediária, as definições são obviamente decisões arbitrárias — mas a factualidade da natureza empurra culturas distantes umas das outras para soluções comuns (ainda que de modo algum universais). O ano solar, por exemplo, não se divide naturalmente em quatro períodos iguais (as estações), mas a existência de dois solstícios e dois equinócios — determináveis com certa facilidade na maioria dos lugares de razoável densidade populacional e efetivamente importantes para atividades básicas como a caça, a coleta e, mais tarde, a agricultura — redunda numa certa propensão da natureza à divisão por quatro.

Não obstante, muitas culturas usam outros sistemas, mais afinados com as circunstâncias locais. Em várias regiões tropicais, por exemplo, a duração do dia e a temperatura não apresentam variações drásticas, solstícios e equinócios não regulam nada de muito importante — ao passo que uma divisão do ano solar em duas (ou três) épocas previsivelmente secas ou chuvosas faz muito mais sentido. Numa ocasião, passei vários meses em Curaçao, a ex-colônia holandesa próxima do litoral da Venezuela. Não há ali nenhuma sazonalidade de ordem natural (ainda que o número flutuante de turistas vindos de países com ciclos climáticos bem pronunciados possa servir de sucedâneo), pois os ventos alísios de leste sopram o ano inteiro e a secura prevalece sempre. O jornal nem sequer possui uma seção meteorológica, pois jamais acontece grande coisa. As flutuações dignas de nota — um furacão ou uma grande tempestade — são tratadas como notícias à parte.

A loucura (ou ao menos o fascínio) milenarista encontra-se decerto no extremo arbitrário do espectro, pois a natureza não conhece nenhuma divisão por 1000. As vantagens intrínsecas da matemática decimal já foram apontadas com freqüência, e nossos algarismos arábicos emprestam ao número 1000 uma bela aparência de exatidão (realçado em nosso século pelo giro incessante dos odômetros). Mas sabemos também que essas vantagens não derivam da constituição da natureza, e sabemos ainda que várias culturas desenvolveram sistemas matemáticos inteiramente funcionais (e de bela complexidade) sobre bases distintas de 10 — o que significa que não atribuem distinção alguma ao número 1000.

Talvez a velha crença que ligava a matemática decimal a nossos dez dedos tenha lá sua validade; sendo assim, talvez os sistemas de base 10 de fato sigam uma propensão natural. Mas a cultura maia, por exemplo, desenvolveu uma elegante matemática vigesimal — talvez porque contassem dedos das mãos e dos pés! —, e esse sistema numérico complexo destinava lugar de honra a vários ciclos e números "exatos", mas não aos milênios ou a quaisquer outros múltiplos de 1000. Além disso, nossos dedos são resultado de uma contingência evolutiva, que poderia ter recaído sobre qualquer outro arranjo igualmente funcional. Os processos darwinistas não conferiram dez dedos aos primeiros répteis em vista de uma espécie cabeçuda que, mais de trezentos milhões de anos depois, viria a caminhar em posição ereta, distinguir os dedos dos pés dos dedos das mãos e finalmente notar que os dez dedos indicam a mais conveniente das matemáticas! Os primeiros vertebrados terrestres tinham seis, sete ou oito dígitos — os *Eight little piggies* [*Dedo mindinho e seus vizinhos*] do título de um de meus livros. A base 8 também não é nada má —, mas os vertebrados seguiram outro caminho evolutivo.

E talvez, num outro cenário plausível para a Terra, o cavalo não se extinguisse na América do Norte; os maias então teriam um animal de carga domesticado, inventariam a roda, chegariam a essas duas grandes e dúbias inovações indispensáveis à dominação total

— a navegação oceânica eficiente e a pólvora. A Europa era um rincão atrasado durante a época áurea dos maias, no primeiro milênio da era cristã. Basta continuar com o devaneio e logo a América Central toma rumo leste para conquistar o Velho Mundo, celebra um tratado com a China imperial — e a matemática vigesimal rege toda a civilização humana para todo o sempre. O milênio — o abençoado reino de 1000 anos de um deus local conhecido por Jesus Cristo — torna-se então um mito curioso de uma cultura primitiva e subalterna, algo que as crianças aprendem na escola, em aulas sobre a diversidade global.

Mas foi a Europa decimal que prevaleceu. E a Europa decimal tornou-se cristã por outras tantas razões contingentes. Por sua vez, o cristianismo acalenta um mito histórico interessante a propósito do milênio. A cultura ocidental esposou essa fábula apocalíptica voltada para intervalos de 1000, que de resto só poderia mesmo ser favorecida por um sistema matemático decimal. E cá estamos nós, tragados por uma loucura milenarista que nada tem a ver com as propriedades da Terra e da Lua em suas rotações e revoluções. As pessoas são engraçadas mesmo — e indescritivelmente fascinantes.

Este livro concentra-se, portanto, nas três grandes questões que motivam esse ou aquele aspecto da loucura milenarista. Meus temas serão a cronometria, a astronomia e a História — nada de previsão ou de psicologia. Cada qual a seu tempo, formularei as três perguntas básicas: o quê, por quê e quando. A resposta a elas deve esclarecer as confusões mais comuns, responsáveis por tanto debate vazio nos meios de comunicação de massa. Em primeiro lugar, *o que* é o milênio afinal de contas — e como o nome de um futuro reino milenar de Jesus Cristo na Terra foi transferido para a passagem de um período de 1000 anos na História humana corrente? Essa ligação, tão íntima quanto interessante, forma o assunto da primeira parte. Em segundo lugar, *quando* começa o milênio — no primeiro dia de janeiro de 2000 ou de 2001? Ao contrário do que parece, essa questão não é nenhuma trivialidade ou picuinha, e a impossibilidade de resolvê-la ensina algo de interessante sobre a História cultural do século XX (essa seção é uma versão revista e ampliada de um ensaio antes publicado em *Dinosaur in a haystack* [*Dinossauro no palheiro*]; todo o resto é material novo, publicado aqui pela primeira vez). Em terceiro lugar, *por que* sentimos tanto fascínio por questões cronométricas a respeito de transições privilegiadas ou "exatas", como a próxima passagem de milênio (seja lá qual for sua data)? Se o universo funciona como o grande relógio mecânico de Galileu, regulado por ciclos matemáticos evidentes, por que a cronometria parece um desafio maior que uma simples contagem?

Espero que possamos terminar esta exploração com um amálgama de duas frases famosas de Einstein, ambas invocando uma divindade metafórica para representar a ordem elegante da natureza (ou sua ausência). Com efeito, Deus não joga dados com o universo; também não é malicioso, ainda que sutil como poucos! Eu diria mesmo que é matreiro como ninguém — ou será que só podemos ver a nós mesmos num espelho voltado para o cosmos?

1

O QUÊ?

REDEFININDO O MILÊNIO: DA VISAGEM À CONTAGEM

NOSSA NECESSIDADE DE SENTIDO

Habitamos um mundo de variedade infinita e espantosa, potencial fonte de alegrias se soubermos recapturar o deleite infantil com o "esplendor na relva" e a "glória da flor". Robert Louis Stevenson captou a essência desses prazeres inocentes num único dístico — este "Happy thought" de seu livro *A child's garden of verses* [*Jardim de versos para a infância*]:

> *The world is so full of a number of things,*
> *I'm sure we should all be as happy as kings.**

(*) Literalmente: "O mundo é tão cheio de coisas/ que deveríamos ser felizes como reis". (N. T.)

Mas a mera variedade pode ser opressiva e assustadora, especialmente quando, já adultos responsáveis, temos de enfrentar as pedradas e flechadas do destino (por vezes) adverso. Ao pegar em armas contra um mar de angústias,* não há instrumento mais poderoso ou mais distintamente humano que a capacidade do cérebro de impor sentido à confusão do mundo. Essa necessidade de sentido torna-se especialmente aguda quando nos atemorizamos diante de duas máximas instiladas por influências orientais em documentos fundamentais da cultura ocidental, que sintetizam nossa suspeita de que o cosmos talvez não exiba (ao menos não em nossos termos) nenhum sentido ou direção, de que talvez nós mesmos não habitemos este planeta por alguma razão especial ou com algum fim estabelecido pela natureza.

Edward FitzGerald — publicando no mesmo ano (1859) de outro documento revolucionário, a *Origem das espécies*, de Darwin, repleto de desafios às noções tradicionais de sentido intrínseco — traduziu

(*) "Pedradas e flechadas do destino adverso" e "pegar em armas contra um mar de angústias" — Shakespeare, *Hamlet*. (N. T.)

livremente o *Rubaiyat* de Omar Khayyam, poeta persa do século XI:

> *Into this universe, and why not knowing*
> *Nor whence, like water willy-nilly flowing.**

Por sua vez, o pregador do Eclesiastes escrevera, mais de mil anos antes, mas com dúvidas semelhantes quanto a uma ordem natural congênita:

> Voltei-me, e vi sob o sol que não é dos ligeiros a carreira, nem dos valentes a peleja, nem tampouco dos sábios o pão, nem ainda dos prudentes a riqueza, nem dos entendidos o favor, mas que o tempo e a sorte pertencem a todos. (Eclesiastes 9:11)

Mas por que invocar temas gerais, referentes à ordenação mental e à aleatoriedade da natureza, para começar um livrinho sobre questões relativas ao milênio? Comecei por esse ponto porque o conceito ocidental de milênio emana de duas grandes estratégias mentais que utilizamos a fim de extrair ordem e sentido de um mundo renitente. Além disso, e para sermos mais específicos, é possível entender melhor

(*) Literalmente: "Neste universo, sem saber por que/ nem de onde, fluindo como a água, queiramos ou não". (N. T.)

o grande deslocamento semântico que responde por nossa atual loucura milenarista — do milênio como apocalipse para o milênio como questão de cronometria — como uma mudança de ênfase de uma estratégia mental para outra.

A primeira estratégia: classificação

Dentre os instrumentos que utilizamos para impor ordem a um mundo complicado (mas de modo algum caótico), a classificação — isto é, a separação de elementos em categorias baseadas em similaridades perceptíveis — figura entre as mais gerais e penetrantes. E não há estratégia de classificação que cale mais fundo — e proporcione melhor relação entre custos e benefícios — que nossa propensão à divisão por dois, à dicotomia.

Alguns dos atributos básicos da natureza ao nosso redor de fato existem como pares complementares — dois grandes luminares no céu, correspondentes ao dia e à noite; dois sexos, cujos opostos têm de se acasalar para dar continuidade às gerações —, de modo que poderíamos dizer que a dicotomização equivale a pouco mais que uma observação fiel do mundo exterior. Na maior parte dos casos, entretanto, a dicotomização leva a simplificações ilusórias ou mesmo perigosas. Pessoas e crenças não são simplesmente boas ou más (sendo o segundo grupo destinado à fogueira); organismos não são plantas ou animais, vertebrados ou invertebrados, humanos ou bestiais. Até mesmo em circunstâncias incabíveis a divisão por dois exerce tal força sobre nós que é difícil não concordar com as muitas escolas de pensamento (notadamente com Claude Lévi-Strauss e os estruturalistas franceses) que vêem a dicotomização antes como um mecanismo inerente ao funcionamento do cérebro que como uma percepção válida da realidade exterior.

Mencionei a dicotomização como regra central da classificação porque as definições milenaristas estão ligadas a nossos pares de distinções mais correntes (e simplistas) em dois campos de enorme generalidade: o tempo e a mudança. No que diz respeito ao tempo, a cultura ocidental tem favorecido uma distinção entre flechas e ciclos — noutros termos, entre seqüências inerentemente direcionadas e seqüências previsivelmente recorrentes (ver Mircea Eliade, *The myth of the eternal return*, para a formulação clássica, cujas fontes vão até Platão e mesmo antes; e ainda meu livro *Time's arrow, times cycle* [*Seta do tempo, ciclo do tempo*], para uma visão científica do assunto). Quanto à mudança, costumamos enfatizar a distinção entre o gradual e contínuo *versus* o súbito, cataclísmico e revolucionário.

Nós nos aferramos aos extremos dessas distinções porque cada um deles oferece parte do conforto psicológico de que precisamos para sobreviver e prosperar neste vale de lágrimas. Precisamos da flecha do tempo para que as seqüências de eventos contem histórias significativas e nutram esperanças de coisas melhores. Precisamos do ciclo do tempo para fugir ao temor de que a História não exiba nada além de um amontoado aleatório e absurdo de eventos sem sentido ou direção — nada além de uma coisa depois da outra, para usar o velho clichê. Se os eventos se repetem de modo previsível (como os dias seguem as noites e os nascimentos compensam as mortes), então a vida deve seguir algum padrão em meio ao fluxo.

O que vale para o tempo vale também para a dicotomia da mudança. Precisamos de um conceito de alteração gradual de modo a sustentar nossa esperança de que o que construímos com nosso esforço possa perdurar e mesmo crescer — em suma, para que tenhamos alguma sensação de continuidade. Mas também precisamos da possibilidade de um cataclismo, de tal modo que, quando a situação parecer desesperadora e além da alçada de qualquer força natural, possamos recorrer à redenção por obra de um messias, um herói conquistador, um *deus ex machina* ou algum outro agente dotado de poder para aniquilar o insuportável e instituir o inatingível.

A partir dessas noções de esperança e ordem — e em especial a partir da idéia de intervenção divina ao fim de um ciclo determinado —, extraímos uma das crenças mais populares e poderosas da tradição ocidental (e talvez de muitas outras, se é que não se trata de algo universal): o *apocalipse*, definido pelo dicionário *Webster* como "doutrina caracterizada pela espera de um fim iminente para o mundo temporal existente, de uma destruição dos ímpios num holocausto purificador que tragaria a Terra, de uma ressurreição dos virtuosos num mundo puro e bem-aventurado" (o termo vem do verbo grego para "descobrir", "revelar"; talvez a definição do *Webster* siga muito de perto um mito especificamente cristão, mas os elementos básicos das crenças apocalípticas certamente transcendem qualquer cultura em particular).

Mostrarei na próxima seção que a definição original de *milênio* — tão estranha à nossa loucura atual sobre transições cronométricas em intervalos de "exatos" 1000 anos — emanou de um traço importante da história apocalíptica canônica na tradição cristã, isto é, de uma fábula verdadeiramente descabelada do último livro da Bíblia, o capítulo 20 do *Apocalipse*. A história fascinante de como esse conceito se metamorfoseou na forma corrente de loucura milenarista exige uma discussão da segunda grande estratégia mental para ordenar este nosso mundo confuso.

A segunda estratégia: números de sentido transcendente

O cérebro humano é o aparelho de computação mais complexo que já se desenvolveu na História de nosso planeta. Não tenho dúvida de que a razão darwiniana convencional — a vantagem adaptativa — está por trás de seu tamanho e complexidade únicos. Não obstante, muitos dos atributos característicos de nosso cérebro, peças centrais para qualquer conceito de uma natureza humana universal, não podem ser entendidos como produtos diretos da seleção natural, mas devem ter surgido como conseqüências colaterais e casuais das razões originais para tal aumento de volume (de modo semelhante, posso comprar um computador pessoal apenas para controlar a planilha de despesas familiares, mas a máquina, em virtude de sua estrutura interna e a despeito de minhas intenções, pode executar uma pletora de tarefas inimaginadas por qualquer comprador; quanto mais complexo o instrumento, maior o número de conseqüências colaterais imprevistas, e o cérebro humano é bem mais poderoso que um computador pessoal).

Assim, por exemplo, o cérebro humano não cresceu para que pudéssemos ler, escrever ou reconhecer o padrão dos eclipses solares — desenvolvemos essas habilidades muito depois que nosso cérebro atingiu seu volume atual. De modo análogo, é bem possível imaginar o valor adaptativo de certos aspectos do raciocínio, que poderíamos chamar de aritméticos ou computacionais. Um caçador poderia querer informar o tamanho de uma manada de mamutes, um coletor poderia querer contar as dimensões de um campo cheio de tubérculos; talvez precisassem de sistemas bem complexos para aferir as relações de parentesco consangüíneo, tão importantes para certos sistemas de lealdade social dotados de valor adaptativo darwiniano. Mas com certeza não se pode afirmar que a seleção natural tenha favorecido os cérebros grandes de modo que pudéssemos procurar padrões em ciclos numéricos, para então atribuirmos a essas abstrações puras e recorrentes um sentido mais "profundo" que o caos do mundo natural. E entretanto qual tendência de nossa busca do conhecimento, qual impulso intelectual de nossa época poderia ser mais distintivamente humano?

Ao listar as poucas paixões motrizes de sua vida, Bertrand Russell afirmou haver "tentado apreender aquele poder pitagórico pelo qual os números imperam sobre o fluxo" (como dois outros componentes de sua busca do conhecimento, Russell procurou "entender o coração dos homens" e "saber por que brilham as estrelas" — duas questões relevantes para nossa loucura milenarista).

Meu argumento sobre a origem de nosso fascínio diante da regularidade numérica corre em estrito paralelismo com minhas afirmações sobre nossa propensão a classificações dicotômicas. Em parte, nós nos agarramos às regularidades numéricas e procuramos significados mais profundos nelas porque tal ordem de fato subjaz a boa parte dos padrões naturais.

A tabela periódica, afinal de contas, não é um artifício mnemônico arbitrário, e a gravidade newtoniana realmente opera segundo uma lei de quadrados inversos. Mas nossa busca de regularidades numéricas e nossas interpretações exageradas vão muito além de tudo que a natureza poderia algum dia exemplificar, de modo que somos obrigados a postular alguma tendência mental inerente como força determinante. Sugeri pouco acima que essa tendência quase certamente se desenvolveu como conseqüência colateral da seleção natural, e não como adaptação direta; sendo assim, ela deve ter uma relação complexa e indireta com qualquer conceito de utilidade. Nossa busca de ordem numérica leva com igual freqüência à birutice terminal e à intuição profunda.

O catálogo de esquemas numéricos que já foram seriamente propostos para traduzir a natureza de Deus ou a ordem subjacente ao cosmos seria suficiente para preencher um volume barroco de assombrosa variedade (o livro de Nicholas Campion *The great year: astrology, millenarianism and history in the Western world* é uma boa introdução). Alguns estudiosos, teólogos e místicos basearam seus esquemas nos números 2 (nossas dicotomias), 3 (a Trindade),

4 (candidato de C. G. Jung a número fundamental), 5 (nossos dedos), 7 (as notas da escala e os planetas do sistema ptolomaico), 9 (o quadrado da Trindade) e assim por diante.

O tema do misticismo numérico aparece em nossa História milenarista como segundo instrumento mental para a ordenação da natureza, em forte interação com o primeiro, a classificação dicotômica — em especial com o lado cíclico da dicotomia do tempo e com o extremo catastrófico da dicotomia da mudança. Imagine-se o atrativo da crença num *finale* paroxístico se algum sábio pudesse penetrar na ordem numérica do universo para saber exatamente quanto tempo deve durar o ciclo atual e quando precisamente ele deve terminar!

O pensamento milenarista nasce de uma conexão entre a crença genérica no apocalipse e uma teoria numérica específica sobre o fim que se aproxima. Como disse mais acima, a adesão à idéia de ciclos baseados em números simples não basta para especificar uma duração ou um instante final — e, num momento ou outro, já foram propostas e cultuadas todas as possibilidades minimamente plausíveis. A variedade particular de crença apocalíptica conhecida por *milenarismo* ou *quiliasmo* (dos termos clássicos para "mil", o primeiro latino, o segundo grego) é o esquema numérico mais popular na história do apocalipse cristão (por mais que, do ângulo da natureza, seja inteiramente arbitrário, como quis demonstrar no prefácio a este livro) e vê no número 1000 a chave oculta tanto para a ordem natural quanto para a redenção das almas humanas.

Mas 1000 de quê? E 1000 quando? O resto deste capítulo acompanha um deslocamento sutil de nossa primeira definição de milênio: da duração de uma era de bem-aventurança *depois* do apocalipse vindouro à passagem cronometrada de 1000 anos *antes* desse mesmo apocalipse. Como e por que passamos do milênio como apocalipse para o milênio como questão cronométrica?

O MILÊNIO E O APOCALIPSE

Em termos etimológicos, milênio significa um período de mil anos. Contudo, esse conceito não surgiu no campo da cronometria prática, da mensuração do tempo, mas no domínio da escatologia, isto é, das visões futuristas de um abençoado *fim* dos tempos. O pensamento milenarista está engastado nos dois livros apocalípticos da Bíblia — no livro de Daniel, do Velho Testamento, e no Apocalipse de são João, no Novo. Mais especificamente, o milênio cristão tradicional é uma época futura que durará mil anos e que terminará com uma derradeira batalha e o Juízo Final de todos os mortos. Na descrição de são João, em uma de suas visões oraculares (Apocalipse 20), Satã será acorrentado por 1000 anos e atirado a um abismo sem fundo; Cristo retornará para reinar durante o milênio em meio aos mártires cristãos. Então, Satã será libertado e fará uma aliança com Gog, Magog e toda uma hoste de malfeitores para a batalha final; Cristo e os bonzinhos vencerão, os demônios acabarão no "lago de fogo e enxofre", em seguida *todos* os mortos ressuscitarão e, no Juízo Final, ou bem serão exaltados e viverão com Cristo, ou bem serão conduzidos àquele outro lugar, tão desagradável, na companhia dos personagens mais interessantes da História.

> Vi então descer do céu um anjo [...] Ele pegou Satanás e o acorrentou por 1000 anos. Lançou-o ao abismo e o fechou, pondo em cima um selo [...] e vi as almas dos que tinham sido degolados por causa do testemunho de

> Jesus [...] receberam a vida e reinaram com Cristo por 1000 anos. [...] Terminados os 1000 anos, Satanás será solto da prisão e sairá para extraviar as nações que habitam os quatro cantos da terra, a Gog e a Magog e reunirá todos para a guerra. [...] Mas descerá fogo do céu e os devorará. O diabo que os seduzira será jogado no lago de fogo e enxofre. [...] Vi os mortos, grandes e pequenos, diante do trono; abriram-se os livros [...] Todo aquele que não foi encontrado no Livro da Vida foi lançado no lago de fogo. (Apocalipse 20:1-15)

A força religiosa e política dessa visão vem ressoando ao longo da História subseqüente. Muitas passagens do Novo Testamento dão a entender que Jesus e seus seguidores iniciais não esperavam grandes delongas até a consumação do apocalipse e o início do milênio. Falando por meio de um de seus anjos, Jesus declara no último capítulo do Apocalipse (e portanto da Bíblia inteira): "E Ele me disse: Não guarde em segredo as palavras da profecia deste livro, porque o tempo está próximo. [...] Eis que venho em breve e comigo minha recompensa para distribuir a cada um segundo suas obras. [...] Felizes os que lavam suas túnicas, por terem direito à árvore da vida e a entrar pelas portas que dão acesso à cidade" (Apocalipse 22:10, 12, 14).

Os Evangelhos Sinópticos reforçam esse tema com indicações temporais mais precisas. Jesus descreve o apocalipse vindouro em termos semelhantes aos de são João no Apocalipse (mas também aos documentos vetero-testamentários em Daniel e Ezequiel), ainda que sem os detalhes bombásticos de são João: "Assim será no fim do mundo: sairão os anjos e separarão os maus do meio dos justos e os lançarão numa fornalha de fogo. Aí haverá choro e ranger de dentes" (Mateus 13:49-50). Ademais, Jesus afirma claramente que o fim não tardará e certamente virá ainda em vida de seus ouvintes:

> Então disse Jesus a seus discípulos: Se alguém me quiser seguir, renuncie a si mesmo, tome sua cruz e me siga. Pois aqueles que pretendem salvar sua vida hão de perdê-la; e quem perder sua vida por amor a mim há de encontrá-la. Pois que adianta a gente ganhar o mundo inteiro se vier a se arruinar? Ou poderá dar alguém alguma coisa em troca de sua vida? Porque o Filho do Homem há de vir na glória do Pai com os anjos e retribuirá a cada um segundo suas obras. Em verdade vos digo: alguns dos que aqui se encontram não morrerão antes de ter visto o Filho do Homem vir em seu reino. (Mateus 16:24-8; Marcos 9:1)

Creio que não invalidamos o valor moral dos ensinamentos mais radicais de Jesus quando os encaramos mais propriamente como regras de ação num mundo corrupto e moribundo, destinado a dar lugar a uma era abençoada — um novo regime de coisas que distribuiria recompensas e punições conforme o teor de nossas vidas sob a vigência limitada da ordem presente. Dificilmente ofereceríamos a outra face aos valentões e aos tiranos se eles tivessem mais 1000 anos de dominação garantida pela frente. E se nossos ganhos terrenos não poderão acumular-se por mais de uma geração ou duas, ao passo que as qualidades de nossa alma determinarão nosso futuro (e para sempre) numa nova era iminente, então as razões práticas do momento — e não somente os valores éticos eternos — favorecerão a opção pela alma e não pelo ouro.

O erro cronológico de Jesus não diminuiu o entusiasmo de seus seguidores de tendências apocalípticas, e todas as gerações seguintes contaram com os próprios movimentos milenaristas. A primeira versão cristã de alguma importância teve lugar mais ou menos vinte anos depois que a repressão romana à revolta de Bar Kochba pôs fim ao judaísmo em Jerusalém e varreu da região as formas mais seculares e messiânicas de escatologia judaica. Montanus começou a pregar na Frígia (Turquia Central) por volta de 156 d.C. Com a ajuda de duas jovens discípulas, Prisca e Maximila, Montanus caía em transes e anunciava a iminência da segunda vinda de Cristo, quando a Jerusalém celestial desceria dos céus para se estabelecer na planície entre as aldeias frígias de Pepuza e Tymion. Estabelecendo um padrão que vigoraria ao longo da História em muitos outros topos de montanhas, desertos, vales e mesetas, os montanistas abandonaram suas aldeias (o que levou ao virtual desaparecimento de várias comunidades paleocristãs) e dirigiram-se ao lugar indicado para esperar a grande libertação — a qual, como se sabe, jamais ocorreu.

Não obstante, e também aqui estabelecendo um padrão que persistiria para sempre entre os verdadeiros crentes, esse fracasso espetacular de uma profecia clara e precisa não extinguiu o movimento, e o montanismo conservou sua força por vários séculos, chegando mesmo ao século IX e ganhando o apoio de Tertuliano, talvez o autor mais prolífico entre os primeiros cristãos (em 212, Tertuliano abandonou a Igreja católica para unir-se aos montanistas). Os seguidores admiravam o ascetismo e o rigor moral do movimento — e o fracasso de uma profecia apocalíptica pode sempre ser racionalizado com uma variedade de desculpas, do erro de cálculo à confusão das leituras metafóricas ou literais.

Entrementes, conforme o tempo passava e a cristandade tornava-se um poder secular substancial, distante da seita radical e perseguida de outrora, ocorreu a reação inevitável, que estabeleceria um contraste fundamental e decisivo para toda a história do pensamento apocalíptico. Por razões óbvias, os governos, doutrinas e poderes estabelecidos opõem-se firmemente e combatem ativamente qualquer doutrina profética e, em especial, qualquer movimento de massas baseado na convicção de um fim próximo e cataclísmico de toda a ordem terrena! As crenças apocalípticas são o domínio dos miseráveis, dos oprimidos, dos despossuídos, dos radicais políticos, dos revolucionários teológicos e do salvador autoproclamado — nunca uma crença de quem se encontra no comando! O que, então, fez a cristandade triunfante quando seu sucesso secular inaudito começou a fazer pressão sobre as fontes escriturais incontestáveis das esperanças apocalípticas?

Duas estratégias têm servido àqueles poderes constituídos que não têm como negar as próprias fontes e tradições milenaristas. Em primeiro lugar, pode-se argumentar que o milênio decerto há de chegar, mas num futuro tão distante e incognoscível que não há razão para que o problema influencie nossa vida cotidiana. Em segundo lugar, não é difícil reinterpretar o milênio em alguma chave metafórica ou alegórica e por essa via até mesmo afirmar que o milênio já chegou. Na formulação clássica, virtualmente canônica no âmbito católico desde que santo Agostinho a concebeu em sua obra-prima do século V, *Civitas Dei* [*A cidade de Deus*], o milênio deve ser entendido alegoricamente como o estado espiritual coletivo que domina a Igreja em Pentecostes — quando o Espírito Santo desce entre os apóstolos, pouco após a ressurreição de Cristo —, com o que se torna imediatamente acessível à experiência pessoal, por meio da comunhão mística com Deus. Escusado dizer que esse argumento serve aos propósitos sociais de uma instituição poderosa e conservadora, desejosa de manter o *status quo* que lhe garante influência e de suprimir teorias desvairadas sobre o fim real e iminente deste mundo.

Essa cisão sociológica fundamental — a chave para a compreensão do pensamento milenarista na História ocidental — foi bem resumida, ainda que em ângulo muito parcial, por Thomas Burnet, teólogo inglês do século XVII (e figura proeminente da próxima seção deste capítulo). Em sua condição de sacerdote anglicano, soldado da Reforma e anticatólico (ainda que não tão veemente quanto alguns de seus contemporâneos ilustres, como Oliver Cromwell e John Milton), Burnet vinculava o pensamento milenarista à reforma social e religiosa, ao mesmo tempo que associava a rejeição das crenças apocalípticas ao apoio a uma ordem social confortável e bem estabelecida. Adoro o ímpeto expansivo e saboroso de sua prosa seiscentista e cito a partir de meu próprio exemplar desse belo livro:

> Jamais encontrei um doutor papista que afirmasse o milênio [...] [que] sempre foi incômodo e ofensivo à Igreja de Roma, por não caber no esquema da cristandade por ela traçado. Supõem que Cristo reina entre nós por intermédio de seu vigário, o papa, pisoteando o pescoço de imperadores e reis. E, pudessem eles esmagar a *Heresia do Norte* [a Reforma protestante], como a chamam, e já não saberiam dizer o que seria o milênio ou como a Igreja poderia ser mais feliz [...]. Há tempos que

> a Igreja de Roma vive em prosperidade e grandeza como Igreja dominante da cristandade, governando as nações com mão de ferro [...]. E, sendo o milênio a recompensa e o triunfo dos perseguidos, aqueles outros que viveram em pompa e prosperidade não têm como pretender participar ou partilhar dele. Isso fez com que a Igreja de Roma sempre visse com maus olhos essa doutrina, que por sua vez também a via com maus olhos. E conforme crescia o esplendor e a grandeza eclesiásticos, mais e mais se ocultava e obscurecia a doutrina: de modo que teria sido varrida do mundo como erro obsoleto, se a Reforma não a tivesse revivido.

O milenarismo esteve por trás dos reformadores mais radicais — e só tendo em vista sua convicção firme no fim iminente deste mundo poderemos entender sua disposição de se engajar em revoltas militarmente perdidas ou de suportar as torturas mais inomináveis (não que tivessem muita escolha) antes da execução. Assim, o anabatista Thomas Müntzer, convicto de estar vivendo no "fim de todas as eras", liderou os camponeses turíngios em sua malfadada revolta de 1525, o que lhe valeu ser supliciado e executado (Martinho Lutero pode ter tido seus momentos de teólogo radical, mas ficou horrorizado com a revolta política dos camponeses, e exigiu que fossem exterminados como cães, sem nenhuma misericórdia — como de fato foram, e às dezenas de milhares).

Movimentos milenaristas seguiram existindo à margem do protestantismo (às vezes não tão "marginalmente", por ocasião de episódios de entusiasmo geral ou inquietação social) e deixaram sua marca em vários grupos importantes (que nem sempre gostam de admitir suas origens apocalípticas). As comunidades hutteristas do Oeste dos Estados Unidos e do Canadá, por exemplo, remontam a Jakob Hutter, anabatista alemão de tendência milenarista que foi torturado e queimado como herege em 1536.

O movimento milenarista mais conhecido e menos duradouro da história americana teve seu ponto alto em Nova York e Massachusetts na década de 1840, quando cerca de 100 000 crentes seguiram a mensagem apocalíptica de William Miller, ex-oficial do exército e autoproclamado pregador, que se baseava na leitura dos livros de Daniel e do Apocalipse para anunciar que Cristo retornaria e levaria o mundo a uma conflagração incandescente em algum momento entre 21 de março de 1843 e 21 de março de 1844. Quando a profecia deixou de se materializar (ou espiritualizar), Miller estabeleceu uma nova data, 22 de outubro de 1844. A passagem tranqüila dessa segunda Segunda Vinda — conhecida como a "Grande Decepção" nos círculos milleristas — tornou necessária uma conferência em 1845, dedicada ao que uma época posterior chamaria de "controle de danos". Escusado dizer que muitos seguidores haviam abandonado o rebanho, pois nada arrefece mais o entusiasmo do que o fracasso de uma previsão tão central.

Mas nada pode abalar a fé de um verdadeiro crente. O grupo mais importante entre os milleristas remanescentes argumentou que Miller determinara a data correta, mas não lera corretamente o livro de Daniel. Deus não queria dar fim ao mundo naquele dia, queria apenas dar início ao exame de todos os nomes inscritos no Livro da Vida — uma tarefa longa e tediosa, que terminaria em algum momento desconhecido do futuro, com a vinda de Cristo para seu reino milenar. Nesse ínterim, os milleristas afirmavam que certas práticas — em particular a observância do sábado, sétimo dia da semana, em vez do domingo — apressariam o processo e acelerariam a Segunda Vinda.

Os Adventistas do Sétimo Dia e outros grupos adventistas menores têm origem no movimento de Miller, ainda que não sigam todos os seus preceitos.

Charles Taze Russell (1852-1916), fundador dos Testemunhas de Jeová — talvez o maior grupo cristão abertamente milenarista nos dias de hoje —, igualmente sofreu forte influência das idéias adventistas. Os Testemunhas de Jeová crêem que Satã atualmente controla o mundo, com os poderes seculares sob seu domínio — daí a recusa em saudar a bandeira ou em prestar o serviço militar, tema de várias decisões da Suprema Corte ao longo deste século. Eles julgam que os livros de Daniel e do Apocalipse contêm um cronograma oculto da História humana, e por isso estão à espera da batalha de Armagedon e do subseqüente início do reino de Cristo sobre a Terra. O próprio Russell pensava que Cristo começaria seu "retorno invisível" em 1874, a fim de preparar sua verdadeira Segunda Vinda no ano de 1914 — um bom ano para assassinatos de arquiduques e inícios de guerras mundiais, mas não para o estrondo da batalha de Armagedon! Contudo, mais uma vez o fracasso de uma expectativa não bastou para extraviar a paixão dos verdadeiros crentes, que ainda tocam a campainha da minha casa quase todo fim de semana.

Não quero sugerir uma equação demasiado estrita entre crença milenarista e miséria social ou marginalidade — pois a inventiva humana e nossas tendências auto-indulgentes são onipresentes demais para que um argumento tão forte encontre apenas um veículo de expressão. Há casos em que os poderosos se serviram do apelo milenarista quando a situação o exigiu. Em tempos recentes, James Watt, o nada saudoso secretário do Interior de Ronald Reagan, pensador profundamente conservador e membro eminente da Assembléia de Deus pentecostal, afirmou que não precisamos nos preocupar à toa com a deterioração ambiental (e portanto não deveríamos investir muito tempo, dinheiro e legislação em tais questões), pois o mundo certamente acabará antes que qualquer estrago maior possa ser feito.

Não obstante, a correlação geral entre anseios apocalípticos e pobreza terrena ou exclusão social com certeza tem razão de ser, e estende-se muito além das fontes cristãs mais familiares ao Ocidente. A fusão de milenarismo cristão e crenças tradicionais de povos conquistados (e desesperados) tem levado com particular freqüência a resultados incendiários e trágicos.*

(*) Enquanto leio as provas deste livro, no final de março de 1997, um acontecimento trágico — o suicídio de trinta e nove pessoas no culto do Portal do Céu — faz-me perceber como fui limi-

Na África, por exemplo, várias revoltas malogradas e movimentos natimortos estão ligados a uma inspiração cristã distintamente milenarista. John Iliffe (*Africans*, Cambridge University Press, 1995) atribui a catástrofe dos xhosa sul-africanos a um desastre natural agravado por uma reação milenarista:

---

tado e mesmo condescendente ao escrever o trecho acima. Disse que algumas das conseqüências mais tristes das crenças apocalípticas haviam resultado de uma espécie de aliança nada sagrada: povos não-ocidentais escolhendo seletivamente algumas peças soltas do cristianismo e soldando-as a crenças tradicionais, dando origem a uma nova e incendiária doutrina. Deveria ter percebido a universalidade dessa tendência, em vez de projetar certa dose de culpa sobre os "outros", sobre culturas diferentes da minha. Indivíduos inteiramente ocidentalizados são capazes de fundir peças soltas do apocalipse cristão a mitos populares da cultura contemporânea, formando assim a mesma espécie de doutrina incendiária e explosiva. Os adoradores do Portal do Céu fizeram exatamente uma dessas misturas: milenarismo tradicional com mitos da ficção científica correntes na cultura popular americana, em especial com a ufologia — o que lhes custou a vida. Acreditando que sua essência imortal residia apenas temporariamente em seu corpo terreno, que a individualidade do corpo devia ser rigidamente suprimida, que logo após a morte sua essência poderia reunir-se aos poderes superiores extraterrestres, e que uma nave espacial estava a sua espera atrás da cauda do cometa Hale-Bopp (que agora mesmo posso ver de minha janela, com seu bri-

Os xhosa tentaram incorporar idéias cristãs a sua cosmologia [...]. A educação nas missões encorajava essa fusão, como também o faziam as idéias cristãs de conseqüências radicais, sobretudo a escatologia cristã. Sua força manifestou-se em 1857, num momento em que o gado adoecia e os brancos avançavam, quando os profetas persuadiram muitos xhosa a matar seu gado e abandonar o cultivo, uma vez que seus ancestrais estavam para renascer, trazendo gado melhor e expulsando os europeus de volta para o mar. Possivelmente um terço dos xhosa morreu, e o governo do Cabo aproveitou-se da ocasião para destruir sua sociedade, expropriando quase metade de suas terras e admitindo ao menos 22 150 deles para trabalhar na colônia.

---

lho tão forte) para levá-los para "casa", eles combinaram conscientemente o milenarismo cristão com a ficção científica moderna. Sua declaração oficial, redigida antes do suicídio coletivo, dizia expressamente: "Viemos do Nível Sobre-Humano no espaço sideral e agora abandonamos o corpo que vestimos para nossa tarefa terrena, a fim de voltar para o mundo de onde viemos — missão cumprida. O espaço sideral a que nos referimos é aquilo que sua literatura religiosa chama de Reino dos Céus ou Reino de Deus. Viemos com o propósito de abrir uma passagem para o Reino de Deus nos últimos tempos desta civilização, no fim deste milênio". (N. A.)

De modo semelhante, a mais famosa das revoltas africanas do começo do século XX, a rebelião de John Chilembwe em 1915 na Niasalândia (hoje Malawi), malfadada e brutalmente reprimida, também tinha raízes milenaristas. Chilembwe fora criado de Joseph Booth, missionário fundamentalista que o levou aos Estados Unidos, onde ele obteve um diploma de teologia de um seminário negro antes de retornar à África. Pouco após a execução de Chilembwe, seu velho mentor lamentou esse resultado tão comum de um tema tão cristão (seja qual for sua conexão com outros ramos do ensinamento cristão):

> Pobre e gentil Chilembwe, que chorou comigo por meu filhinho adoecido e aparentemente moribundo, que me velou e alimentou com a ternura de uma mulher durante dez semanas de extrema prostração, que chorou, acompanhou e mitigou a agonia de meu doce filho John Edward (aos dezoito anos de idade)... Sim, meu querido Chilembwe, eu teria morrido alegremente com as balas de meus compatriotas para poupar você do mau caminho da violência. [Citado em *The life of Joseph Booth*, de Harry Langworth, publicado pela CLAIM, Christian Literature Association in Malawi (Blantyre, 1996).]

Um dos eventos mais tocantes e trágicos da História americana, o último grande massacre de índios por obra de soldados brancos — a batalha de Wounded Knee em 1890 —, foi resultado direto, ainda que desnecessário e claramente evitável, de um fascinante episódio milenarista. Como R. A. Smith documentou em seu *Moon of popping trees: the tragedy at Wounded Knee and the end of the Indian wars* (University of Nebraska Press, 1975), movimentos milenaristas haviam surgido de tempos em tempos entre índios cristianizados nos Estados Unidos e no Canadá. Tavibo, um paiúte do norte de Nevada, ajudara o profeta Wodziwob a disseminar a Dança do Espírito entre as tribos da Califórnia e do Oregon na virada das décadas de 1860 e 1870, movimento que perdera força com a morte de Wodziwob, em 1872.

Por volta de seus catorze anos, Wovoka (1856-1932), filho de Tavibo, foi adotado pela família de um rancheiro branco, David Wilson. Wovoka, agora rebatizado Jack Wilson, interessou-se pelo cristianismo a partir das leituras noturnas da Bíblia e da devoção geral da nova família. Estudou em seguida com missionários mórmons ativos entre os paiúte e por algum tempo freqüentou a Igreja Shaker Indígena.

Desenvolveu uma mistura poderosa de crenças apocalípticas cristãs com elementos da Dança do Espírito. Então, durante um eclipse solar no começo de 1889, teve uma visão de morte e contato direto com Deus, que ordenou que ensinasse a seu povo a Dança do Espírito e sua mensagem milenarista. Wovoka proclamou que, se os índios se apartassem do mundo e executassem corretamente a Dança do Espírito nas ocasiões próprias e pelo tempo designado, uma renovação milenarista teria lugar: os espíritos dos ancestrais voltariam para viver entre os vivos, a terra seria devolvida a seu estado, riqueza e fertilidade originais, o homem branco desapareceria e o búfalo retornaria.

Wovoka pregou a Dança do Espírito como movimento de separação e pacifismo; apenas a adesão estrita ao ritual indicado — o que implicava evitar o contato e em especial a agressão dos brancos — poderia apressar o apocalipse. Mas, dadas as realidades de tensão, incompreensão, racismo e discriminação, não é de surpreender que os colonos brancos se sobressaltassem ao observar grandes grupos de índios abandonando suas tarefas costumeiras, convergindo para lugares de reunião e dançando em êxtase por vários dias seguidos. O movimento rapidamente se alastrou em todas as direções, do Texas à fronteira canadense, alcançando em 1890 os sioux, que adicionaram ao movimento a crença inquietante (aos olhos dos brancos) de que, caso vestissem certo tipo de camisa, os dançarinos seriam invulneráveis às balas do homem branco.

Muitos dançarinos relatavam suas viagens aos céus durante os transes inspirados na atividade extática. O testemunho de Little Wound, chefe dos sioux oglala, ilustra a fusão fascinante de visões do milênio cristãs e tradicionais com temas e agravos especificamente indígenas, acrescida da crença na invulnerabilidade que insuflou o temor dos brancos.

> Quando caí em transe, uma grande e magnífica águia veio e me carregou além de uma grande colina, onde havia uma aldeia igual às que existiam antes que os brancos chegassem a essa região. Os tipis eram todos de pele de búfalo, e usávamos o arco e a flecha, e não havia nada naquela bela terra que os brancos tivessem feito. E Wakan Tanka não deixava que os brancos vivessem ali. A terra era ampla e verde e estendia-se em todas as direções e alegrava meus olhos.
>
> Fui levado à presença do grande Messias, e Ele me disse estas palavras: "Meu filho, estou feliz em ver você. Quer ver seus filhos e parentes mortos?". [...] Todos eles apareceram, montando os melhores cavalos

> que já vi, vestiam roupas de cores brilhantes, bem-feitas, e pareciam muito felizes. [...] O conselho fez uma prece por nosso povo na terra, e então fumamos juntos usando um belo cachimbo, ornado de plumas e espinhos de porco-espinho. Então partimos da aldeia, com os olhos voltados para um grande vale, onde milhares de búfalos e veados e alces pastavam. [...]
>
> Ele também mandou que eu voltasse para meu povo e dissesse que, se continuassem a executar a dança e não dessem ouvidos aos brancos, Ele logo voltaria para ajudá-los. Se os sacerdotes preparassem camisas para os dançarinos e rezassem sobre elas, nenhum mal poderia ocorrer a quem as vestisse, as balas dos brancos que quisessem interromper a Dança do Espírito cairiam ao chão sem machucar ninguém, e a pessoa que tivesse disparado cairia morta.

Duas tragédias resultantes da falta de compreensão branca diante da Dança do Espírito — o assassinato de Touro Sentado e o massacre em Wounded Knee — ensombrecem a História americana. Touro Sentado, que desempenhara um papel de importância polêmica na morte de Custer em Little Bighorn em 1876, ainda liderava um pequeno grupo de sioux, embora sua importância tenha sido superestimada pelos brancos locais (ele havia figurado nas extravagâncias de Buffalo Bill e tornara-se, para os americanos racistas, o símbolo do selvagem renitente, ainda que nobre). Touro Sentado também dava forte apoio ao movimento da Dança do Espírito. O representante local do governo alarmou-se e escreveu a seu comissário:

> Sinto que é meu dever relatar sobre a natureza do desvario e da exaltação entre os índios de Touro Sentado a propósito da chegada do milênio indígena, da aniquilação do homem branco e da supremacia do índio, esperada para um futuro próximo e prometida pelos curandeiros indígenas para a próxima primavera.

O *Chicago Tribune* pôs mais lenha na falsa fogueira com uma manchete de 28 de outubro de 1890, baseada nessa mesma carta:

ANIQUILAR OS BRANCOS
O que os índios esperam do Messias vindouro
Temor de uma revolta
O velho Touro Sentado incita os
peles-vermelhas exaltados

O comissário para assuntos indígenas decidiu então prender Touro Sentado e pensou que a Polícia Indígena poderia dar conta da missão com mais eficiência e diplomacia. Mas o nível de tensão, combinado aos mal-entendidos costumeiros e às provocações evitáveis, transformou a missão pacífica numa carnificina quando o tiroteio irrompeu de parte a parte, matando seis policiais e oito dos seguidores de Touro Sentado, incluindo o velho chefe.

O nervosismo branco a propósito da Dança do Espírito também conduziu o governo à trágica decisão de cercar o bando independente de sioux lakota do chefe Big Foot e confiná-lo numa reserva indígena. A missão desenrolou-se com grande tensão. Nem Big Foot nem o oficial do exército buscaram o confronto, e ambos tentaram acalmar a exaltação geral dos ânimos, fomentada por rapazes dos dois lados — recrutas do exército cheios de estereótipos e temores, indígenas imbuídos de ódio e queixas legítimas. Se Big Foot não estivesse doente demais para liderar, e se os soldados fossem veteranos experimentados ao invés de néofitos aterrorizados, a missão injusta, desagradável para ambas as partes, teria sido calmamente concluída conforme os planos. Mas interveio o conjunto habitual de pequenos eventos banais, evitáveis e nada heróicos — como no caso de Touro Sentado, mas em escala maior —, e o pânico e o tiroteio irromperam no córrego de Wounded Knee, Dakota do Sul, na manhã de 29 de dezembro de 1890. Soldados do governo dispararam contra o grupo de índios em fuga. Quando o pânico e a fumaça baixaram, trinta soldados brancos tinham sido mortos, ao passo que, entre os índios, 84 homens e 62 mulheres e crianças jaziam mortos. As camisas do Espírito não haviam funcionado.

Em resumo: Richard Landes, professor de história na Universidade de Boston, diretor do Centro de Estudos Milenaristas e especialista em movimentos milenaristas na Europa medieval, tem um argumento poderoso sobre a importância histórica das crenças apocalípticas. Dois grandes motivos, comuns à maioria dos episódios milenaristas, determinam o significado geral. Em primeiro lugar, a certeza dos verdadeiros crentes no fim iminente da ordem vigente leva-os a quebrar tradições, papéis e limites sociais com os quais de modo algum sonhariam em romper sob condições normais (que importa quem é o senhor ou quem é o servo, quando todos os bons serão levados à glória comum junto a Cristo? Por que dobrar-se diante dos senhores locais ou obedecer a regras regionais injustas, se o Filho do Homem está para chegar, quando então serviremos a Deus apenas?).

Em segundo lugar (e citando a regularidade empírica mais importante para essa história recorrente), as expectativas milenaristas *sempre* fracassam, e resta aos movimentos um feixe de práticas sociais radicais que devem ser reconciliadas à continuação inesperada da vida no mundo presente. Essas novidades — desígnios para o milênio abençoado convertidos em instrumentos de reforma potencial da ordem vigente — tornam-se motores de grandes rupturas e transformações pelas vias complexas da História humana. Jesus disse que "nem um til nem um jota" (Mateus 5:18) serão alterados na lei — até que tudo se consume e céu e terra não existam mais. Mas o céu e a terra permaneceram onde sempre haviam estado, enquanto a energia das expectativas milenaristas frustradas deslocava cada til e cada jota de todos os textos sagrados "permanentes" e desbancava todos os títulos e juízes das ordens sociais "eternas" — com conseqüências que muitas vezes levaram ao genocídio ou à libertação.

O MILÊNIO E A CRONOMETRIA

> *Os estóicos ensinam que, quando o Sol e as estrelas tiverem engolido o mar, a Terra será calcinada. Uma bela profecia: mas quanto tempo levarão para engolir tudo?*
>
> Rev. Thomas Burnet,
> *Telluris theoria sacra*
> (*Teoria sagrada da Terra*), 1691

Por que passar de um sentido para o outro?

A decepção milenarista — do fracasso da previsão inicial de um apocalipse ainda na geração que viu Jesus à mais recente debandada de algum topo de montanha — deve necessariamente provocar uma questão angustiada entre todas as outras: "Se não agora, então quando?" (adaptando um famoso provérbio judaico).

A seção anterior investigou o sentido original do milênio na História cristã e ocidental — uma narrativa específica sobre o *futuro* reino milenar de Cristo sobre a Terra, após uma destruição apocalíptica da ordem vigente. Mas conforme o ano 2000 se aproxima, a definição primária de milênio deriva de um sentido diverso e primordialmente cronométrico — a conclusão de um período secular de 1000 anos de História humana, compreendido por anos iniciais e terminais com números bonitos, redondos e "exatos", como 1000 ou 2000.

Haverá alguma relação entre essas duas noções, entre o milênio apocalíptico e o milênio cronométrico? Ou estaremos apenas usando, ainda que com alguma justificativa etimológica, a mesma palavra para conceitos diferentes e só por coincidência voltados para as mesmas durações de 1000 anos? Afinal de contas, se *simile* me faz "abrir espaço" para um dignitário swahili, mas só equivale a uma figura de linguagem inglesa, então por que *milênio* não poderia ter dois sentidos diversos, ambos acidentalmente vinculados ao número 1000? Felizmente para o propósito deste livro (que de outro modo não teria razão alguma de existir), e para o bem da história que estamos contando, as duas acepções têm ligação histórica íntima e verificável, procedente da questão de abertura desta seção: "Se não agora, então quando?".

A razão básica para a mudança de uma descrição do futuro para uma contagem do presente provém do fracasso da materialização daquele futuro. Se o leitor convida dez pessoas para jantar no sábado e ninguém aparece, a melhor coisa a fazer é checar o calendário à procura de alguma explicação. Talvez todos tenham morrido a caminho, ou pegado uma gripe, ou esquecido de ligar. Contudo, eu apostaria que o leitor se enganou quanto à data — e que os convidados comparecerão pontualmente, mas no sábado seguinte. De modo semelhante, quando se *sabe* que o milênio virá, quando se decide que a próxima quinta-feira será o dia escolhido e quando se termina a noite de quarta como uma noiva que esperou em vão até o toque de meia-noite, o que se deve concluir? Ou foi um erro acreditar que o milênio viria — uma possibilidade simplesmente brutal demais para muitas pessoas —, ou a data estava errada (circunstância incômoda, sem dúvida, mas bem melhor que a outra opção).

A preocupação inicial era provavelmente antecipatória: o que farei nesta grande manhã de despertar? Por qual das doze portas entrarei na cidade? Mas a nova questão tem de ser cronométrica: muito bem, enganei-me quanto à quinta-feira, mas então quando virá o milênio?

A explicação mais óbvia da mudança para as questões cronométricas fornece apenas uma pequena parte da resposta a nossa questão primária: por que a definição do milênio passa de uma descrição apocalíptica para um intervalo cronométrico? Em outras palavras: é fácil entender a nova preocupação com a cronometria, mas por que deveríamos ter alguma preferência ou temor pelo número 1000? O milênio há de trazer 1000 anos de bem-aventurança tão logo Cristo decida fazer sua entrada tão adiada, mas por que nossas estimativas recalculadas para a Segunda Vinda devem invocar intervalos de 1000 "algos"? A duração do prazer futuro não tem relação intrínseca e necessária com a agonia de nossa espera atual.

A História confirma claramente esse veredicto lógico. Poucas questões ocasionaram variedade tão grande de respostas — fruto de cálculos disparatados sob diferentes premissas — quanto o início do milênio vindouro (que acabou não vindo para a geração contemporânea de Cristo, conforme prometido inicialmente). Ao longo das épocas, as expectativas milenaristas têm sido geradas a partir de todo tipo de sistemas, alguns numéricos, outros hermenêuticos, alguns visionários, alguns supostamente empíricos e científicos, e outros ainda completamente alucinatórios. Teorias cíclicas de um tempo repetitivo já gozaram de favor, com o milênio seguindo-se ao término de cada ciclo. Thomas Burnet defendeu os partidários das teorias cíclicas em seu tratado milenarista do começo da década de 1690, *Teoria sagrada da Terra*: "O retorno a um mesmo estado ao fim de um grande ciclo de tempo parece de acordo com os métodos da Providência, que ama recobrar o que já ia perdido ou decadente, depois de certos períodos, bem como tornar à sua condição original o que era bom e feliz".

Quase todas as bases numéricas possíveis já foram advogadas a fim de determinar a duração dos ciclos do mundo e com isso o início do milênio. Muitos adeptos favoreceram a divisão por dois, já que o nascimento de Jesus dava início a uma segunda era que deveria repetir (simbolicamente) todos os eventos do Velho Testamento, até que o fim desse novo turno marcasse o fim do tempo terreno e a aurora da Segunda Vinda. A teoria da Terceira Dispensação, promovida pelo mais famoso pensador milenarista dos tempos medievais, o místico e filósofo bíblico Joachim de Fiore, que viveu na Itália do século XII, forneceu o protótipo de teorias populares de ciclos tripartites baseados na Trindade (Joachim dispôs a História terrena num ciclo de três "dispensações", representando as eras do Pai, do Filho e do Espírito Santo). Vários outros pensadores preferiram um ciclo quádruplo, baseado nos Quatro Impérios mencionados nos capítulos apocalípticos do Livro de Daniel. Outros ainda defenderam uma divisão quíntupla, baseada na seqüência de cinco sociedades políticas do Grande Ano platônico. O movimento semi-apocalíptico mais forte e secular de nossos tempos — o milênio terreno prometido pela teoria marxista dos estágios inelutáveis da história da organização social — promoveu uma divisão por seis: comunismo primitivo, escravismo, feudalismo, capitalismo, socialismo e comunismo (onde o último estágio é entendido como um retorno aprimorado à dádiva original). Santo Agostinho preferia uma Grande Semana de sete fases históricas, cada qual de duração diferente mas prognosticável.

É óbvio que, com tal diversidade de premissas, os intervalos de 1000 anos não tinham como reclamar para si alguma preferência inerente. Assim, o milênio já foi previsto e esperado para quase todas as datas, dependendo do sistema de cálculo em favor. É também óbvio que, com Thomas Müntzer advogando por 1525, William Miller por 1844, Wovoka por 1890 e John Chilembwe por 1915, o ano 1000 ou o 2000 não tinham como reclamar preferência especial para si.

Por que favorecer intervalos de 1000 anos?

Entretanto, em meio a esse redemoinho de diversidade, um argumento particular surgiu já nos primeiros dias da cristandade e ganhou força desde então, garantindo ao número 1000 uma situação de destaque na história dos cálculos cronométricos do milênio. Esse argumento vincula a duração futura do milênio à passagem de intervalos de 1000 anos de História humana, de modo a finalmente fundir as duas acepções aparentemente díspares. Assim, o milênio apocalíptico de fato conduz ao milênio cronométrico — mas só por meio de um argumento eivado de simbolismo.

Depois de todo esse proêmio, o argumento clássico para a vinculação das acepções apocalíptica e cronométrica do milênio pode soar terrivelmente fraco e decepcionante — pois essa junção exige uma interpretação simbólica que provavelmente parecerá ilusória e forçada à maioria. Quantas vezes se baseou tanto sobre tão pouco? Mas nosso presente secular não nos permite julgar a força e o bom senso que tal ou qual argumento podia ter aos olhos de nossos antepassados de inclinações mais espirituais — para quem um nexo simbólico parecia tão brilhantemente esclarecedor quanto inteiramente conclusivo. Ao menos é o que eles nos dizem — e acho que devemos aceitar sua palavra. Cabe a nós entender por que (em nome de nosso esforço de compreensão), mas não nos cabe negar a satisfação experimentada por nossos antepassados simplesmente porque já não damos crédito a um estilo de argumentação que outrora gozou da mesma estima que nossa ciência empírica enquanto caminho para respostas verdadeiras sobre o mundo natural.

O argumento clássico é "apenas" uma analogia, e hoje tendemos a considerar analogias como, no melhor dos casos, "interessantes" e, no pior, "enganadoras". Julgamos a analogia como prima pobre (quando não uma intrusa estrangeira) numa família de abordagens úteis, governada pelas monarcas gêmeas da lógica interna irrefutável e da evidência sensorial verificável. Mas se vivêssemos num mundo em que Deus fabricara cada item, das moléculas à Via Láctea, com um desígnio acessível ao engenho humano, então poderíamos desenvolver uma teoria diferente da verdade e do sentido. Se todos os objetos naturais foram criados como partes conscientemente concebidas de um todo integrado e completo — e se esse conjunto contém um sentido que pode ser difícil de determinar (pois Deus opera por caminhos misteriosos), mas que certamente é a chave para a felicidade e o entendimento, então a procura por um "significado profundo" nas inter-relações de itens superficialmente díspares pode se tornar nosso método de eleição. A analogia destaca-se então como nossa ferramenta mais útil — pois de que outro modo poderíamos ligar os grãos de areia do deserto às estrelas do céu? —, e não como uma maluquice digna de chacota na próxima reunião de sábado (quando aqueles convidados finalmente aparecerem).

Conforme vasculhavam o Novo Testamento à procura de indicações para uma revisão da data do milênio, teólogos e eruditos voltaram sua atenção para o capítulo 3 da Segunda Epístola aos coríntios — uma carta aos fiéis sobre decepções milenaristas e expectativas futuras. Pedro começa reconhecendo a dúvida gerada pela não-ocorrência do apocalipse na hora esperada: "Nos últimos dias virão zombadores cheios de escárnio que vivem segundo suas próprias paixões dizendo: 'Onde está a promessa de sua vinda?

Pois desde que morreram os pais, tudo permanece igual desde o princípio da criação'".

Mas Pedro então recorda que nem tudo foi calmo e tranqüilo desde o início, pois Deus já havia destruído a primeira terra com as águas do Dilúvio: "De propósito se esquecem de que desde o princípio existiam os céus e também uma terra, esta formada da água e estabelecida no meio da água pela palavra de Deus, e que do mesmo modo o mundo de então pereceu, submerso pela água". Ademais, várias profecias bíblicas sugerem que a próxima destruição será pelo fogo: "Mas os céus e a terra que agora existem são guardados pela mesma palavra e reservados para o fogo no dia do juízo e da perdição dos ímpios".

Mas quando chegará esse dia do juízo, e quando terá início o milênio prometido? Pedro não dá uma resposta direta, mas sim, no versículo seguinte do capítulo 3, formula o argumento simbólico por meio da analogia que daria a direção do debate milenarista para todo o sempre: "Mas há uma coisa, caríssimos, de que não vos deveis esquecer: um dia diante do Senhor é como 1000 anos, e 1000 anos como um dia" (2 Pedro 3:8).

Pedro dá uma resposta oracular, não uma data precisa, mas ao menos ele cita o símbolo bem familiar de um oráculo conhecido — pois a equação de nosso milhar com a unidade de Deus é um tema comum no Velho Testamento, particularmente na versão célebre do Salmo 90: "A teus olhos mil anos/ são como o dia de ontem, que passou,/ e como a vigília noturna" (o mesmo salmo contém um verso clássico para o vínculo entre contagem e entendimento: "Ensina-nos a contar nossos dias/ para que voltemos nossos corações à sabedoria").

Com essa equação por guia, podemos seguir os passos de um raciocínio que nos levará a uma duração de tempo terreno preliminar ao milênio. O Apocalipse diz que a primeira era de bem-aventurança pós-apocalíptica (o milênio) durará 1000 anos. Sabemos que qualquer período de 1000 anos representa apenas um dia para Deus. Também sabemos que Deus criou o mundo em seis dias e então descansou no sétimo. Portanto, por comparação simbólica, a história do mundo há de se desenrolar por 6000 anos, até chegar a um ponto de consumação do tempo terreno comum (comparável aos trabalhos de Deus quando da Criação original), para então entrar no sétimo e último período de 1000 anos de bem-aventurança milenarista (comparável ao dia de merecido descanso de Deus após seus trabalhos hercúleos). A história da Terra, por conseguinte, deve recobrir exatamente 7000 anos, simbolizando os sete dias da Criação divina (seis de trabalho mais um de descanso, correspondentes a 6000 anos de sofrimento humano seguidos de 1000 anos de harmonia milenarista), antes que a *tuba mirabilis* (a trombeta espantosa) do Juízo Final anuncie um verdadeiro e derradeiro *finale*.

Assim, a duração futura do milênio especifica uma contagem cronométrica sobre a base 1000 para a determinação da duração da História humana e para o cálculo do momento crucial da Segunda Vinda de Cristo. Esse argumento padrão — decerto a teoria cronométrica mais familiar e mais amplamente aceita ao longo da História cristã — data no mínimo do começo do século IV, quando aparece nos escritos de Lactâncio, um dos pais da Igreja, que afirma em *Divinae institutiones* [*Preceitos divinos*]:

> Platão e muitos outros filósofos, ignorantes que eram da origem de todas as coisas e daquele período primeiro em que o mundo foi feito, afirmaram que muitos milhares de eras haviam passado desde que a bela ordem do mundo fora estabelecida. [...] Mas nós, a

> quem as Sagradas Escrituras instruem no conhecimento da verdade, conhecemos o início e o fim do mundo. [...] Portanto, que os filósofos, que enumeram milhares de eras desde o início do mundo, saibam que os 6000 anos ainda não se completaram e que, quando esse número se completar, a consumação terá lugar e a condição das coisas humanas será refeita para melhor — como queremos provar, para que a questão se torne simples. Deus completou o mundo e essa admirável obra da natureza no espaço de seis dias, como consta nos segredos das Sagradas Escrituras, e consagrou o sétimo dia, quando descansou de Seus trabalhos. [...]
>
> Portanto, uma vez que todas as obras de Deus foram completadas em seis dias, o mundo deve continuar em seu presente estado por seis eras, isto é, 6000 anos. Pois o grande dia de Deus é contido por um círculo de 1000 anos, como mostra o profeta ao dizer: "A Teus olhos, ó Senhor, 1000 anos são como um dia".

No final do século XVII, quase 1300 anos mais tarde, o reverendo Thomas Burnet apresentou o mesmo argumento em seu tratado milenarista sobre História humana e geológica:

> É necessário mostrar que os pais fundamentaram essa comparação de 6000 anos sobre a Escritura, sobretudo sobre o Hexameron, isto é, a Criação completada em

seis dias, mais o sábado subseqüente. O sábado, diziam eles, era um tipo [símbolo] do sabatismo [do milênio] que deveria seguir-se ao fim do mundo; então, por analogia e dedução, os seis dias anteriores ao sábado devem fornecer o tempo de duração do mundo. Se, portanto, eles pudessem descobrir quanto vale um dia no cômputo místico, seria fácil encontrar a soma dos seis dias. E eles julgam que, de acordo com o salmista e com são Pedro, um dia pode ser estimado em 1000 anos e, por conseguinte, seis dias devem contar como 6000 anos de duração do mundo. Essa é sua interpretação e sua inferência.

Burnet em seguida reconhece a "fraqueza inerente" de qualquer argumento por alegoria e analogia (afinal de contas, ele era contemporâneo e colega de Newton; a era moderna, com seus novos critérios de validade argumentativa, nascia então). Mas Burnet não via nenhum obstáculo factual para essa visão tradicional, que contou com seu apoio caloroso: "Ousamos afirmar que, ao menos por enquanto, nada, seja na natureza, na Escritura ou nas coisas humanas, parece refutar essa estimativa de 6000 anos, que tem a antiguidade e a autoridade dos pais da Igreja a seu favor".

Uma questão final: essa comparação alegórica entre dias divinos e eras humanas também garantia um lugar especial aos milênios cronométricos enquanto unidades privilegiadas de contagem e divisão. Se a História humana tinha uma duração fixada em 6000 anos, e se cada milênio dessa totalidade reencenava um dia determinado da obra criativa de Deus no início dos tempos, então os milênios tornam-se "átomos" do tempo histórico — as unidades básicas e indivisíveis de nossos cálculos. Qualquer teoria boa e abrangente designa uma dada unidade básica em virtude das necessidades lógicas de sua estrutura explicativa — e tais unidades sofrem portanto de "impregnação teórica", não sendo inteiramente (e às vezes nem substancialmente) fruto da observação objetiva. A teoria atômica tem por tijolos básicos os *quarks*, *charms*, *flavors* ou o que quer que esteja a caminho nesse campo tão mutável. A evolução usa as espécies para dar conta da compartimentação natural dos organismos. E a alegoria dos dias divinos nos dá os milênios como divisões fundamentais do tempo linear.

Ao mesmo tempo, uma vez que as teorias são misturas tão interessantes e complexas de realidade empírica e preferências humanas, e já que as teorias são tantas vezes historicamente contingentes e notavelmente errôneas, devo lembrar a meus leitores (conforme enfatizei na introdução) que os verdadeiros ciclos astronômicos da natureza (dias, lunações e anos) não reconhecem essa divisão por milhares, por mais que nossa História religiosa e nossa matemática decimal prefiram (legitimamente) favorecer esse critério de contagem.

Por que atribuir significado a anos "exatos" com três zeros?

A comparação alegórica dos dias de Deus aos milênios humanos nos dá apenas meia resposta à questão prática e candente que inspirou todo esse exercício: quando, exatamente, terá lugar o apocalipse e começará o milênio? Podemos asseverar que esse big bang do tempo terreno ocorrerá após o fim de 6000 anos, designados como seis eras de 1000 anos cada. Mas não poderemos dizer quando os 6000 anos terminarão enquanto não soubermos quando o tempo teve início! Dêem-me um ponto de partida *e* uma duração — e poderei especificar o fim com precisão.

Se a idéia de uma duração de 6000 anos ganhou apoio da maioria (e ao menos podia ser entendida facilmente por aqueles que propunham sistemas diferentes para o cálculo da duração do tempo histórico), o segundo ingrediente essencial — a fixação da data de partida — provocou um sem-fim de debates e jamais levou a um consenso. Vários profetas do milênio puderam seguir entrevendo-o em diferentes momentos.

Sextus Julius Africanus (*c.* 180-250), funcionário romano e erudito cristão, desenvolveu o primeiro sistema popular de determinação do fim dos tempos baseando-se nos componentes gêmeos de duração de 6000 anos e data inicial específica. Nessa que é a primeira cronologia universal escrita de um ponto de vista cristão — a extensa *Chronographiai* de 221 —, Sextus argumentou que 5000 anos haviam passado da Criação ao cativeiro judeu na Babilônia, e outros quinhentos mais de então até o nascimento de Cristo. Essa contagem deixava apenas quinhentos anos até o fim dos tempos. Sextus portanto anunciou que o milênio começaria em 500 d.C. — data suficientemente distante para evitar qualquer desmentido embaraçoso durante a existência terrena do autor, mas destinada a fracassar na última instância de apelo: o ano 500 passou sem nenhum cataclismo digno de nota.

O mundo cristão agitou-se a propósito de um cálculo alternativo, que previa o milênio para 800 ou

801. O ano indicado tornou-se um marco da História européia, mas até mesmo a coroação de um personagem tão magnífico quanto Carlos Magno deve ter parecido coisa de somenos quando comparada à inauguração protelada do Reino de Cristo.

Bem mais tarde, às vésperas do ano 2000, as mentes voltam-se mais uma vez para o apocalipse — ainda que, numa era descaradamente secular, mais com um senso de humor sardônico ou interesse acadêmico que com temores tremebundos e expectativas fervorosas. A impressão popular de que os anseios apocalípticos deveriam chegar ao ápice em anos com três zeros forjará — caso se consume — um elo forte e definitivo entre o milênio apocalíptico e o milênio cronométrico. Devemos portanto investigar se a velha crença numa duração de 6000 anos de tempo terreno, seguida de 1000 anos adicionais de bem-aventurança antes do Juízo Final, também incorporava alguma preferência por anos com três zeros como pontos de transição entre eras milenares — em especial para o momento cardeal da Segunda Vinda, da passagem cataclísmica do governo secular para o governo divino.

Como cientista de mentalidade empirista, permitam-me retornar a essa questão-chave tendo em vista a *única* fonte de informação testável que o tempo limitado põe a nossa disposição. A teoria dos 6000 anos surgiu bem no início da História cristã, e só uma transição milenar ocorreu desde então: o ano 1000. Como muitos sabem — e como muitos mais saberão com base na literatura crescente inspirada por nosso momento milenar iminente —, o problema de saber se uma "onda de pânico" varreu a Europa cristã no ano 1000 vem nutrindo um grande debate entre os historiadores profissionais.

O tema gerou uma enorme literatura, técnica e popular, num espectro que vai da negação completa (Hillel Schwartz, *Century's end*, Doubleday, 1990) à aceitação absurda e acrítica (Richard Erdoes, *AD 1000*, Harper and Row, 1988), equilibradas pela posição intermediária de um profissional refinado (Henri Focillon, *The year 1000*, Frederick Ungar, 1969).

Focillon concede que a inquietação apocalíptica certamente ocorreu, ao menos em âmbito local, na França, Lorena e Turíngia, em meados do século X. Mas ele encontra pouquíssima evidência empírica de um medo generalizado por ocasião do ano 1000 — nada nas bulas papais, nem uma palavra de um papa, senhor ou rei.

Do lado afirmativo, um monge prolífico de nome Raoul Glaber falou inequivocamente de terrores milenaristas, afirmando que "Satã logo será libertado, pois os 1000 anos se completaram". Ele afirmou ainda (mas sem que tenhamos encontrado nenhuma confirmação documental ou arqueológica) que uma onda de construção de igrejas tomou ímpeto logo depois do ano 1000, quando as pessoas finalmente se deram conta de que Armagedon fora adiado: "Cerca de três anos após o ano 1000, o mundo vestiu o hábito branco das igrejas".

A história de Glaber dá uma lição memorável dos perigos de uma *idée fixe*. Ele ainda estava vivo em 1033, alardeando o milênio vindouro — muito embora já admitisse que podia ter se enganado quanto à Natividade como ponto de partida da contagem; mas agora proclamava que o apocalipse sem dúvida viria no milésimo aniversário da Paixão, em 1033. Interpretou a fome daquele ano como signo incontestável: "Os homens acreditavam que a seqüência ordeira das estações e as leis da natureza, que até então vinham regendo o mundo, haviam cedido lugar ao caos eterno e temiam pelo fim da humanidade".

Eu me inclinava pelo ceticismo até que compareci a uma conferência internacional dedicada ao tema ("O ano apocalíptico de 1000", Universidade de Boston, 3-5 de novembro de 1996). Vi ali como o debate se tornara rico e complexo. Em primeiro lugar, o grande pânico se tornara um cavalo de batalha político nos círculos históricos. Os historiadores românticos franceses do começo do século XIX adoravam a lenda e formularam um conjunto elaborado de argumentos para justificar sua crença num episódio apocalíptico amplo e intenso. Mas os historiadores positivistas da Terceira República francesa, imbuídos do espírito racionalista do fim daquele século, adotaram uma atitude oposta e cética, que tem dominado o debate até hoje.

Richard Landes, medievalista e organizador da conferência, convenceu-me de que há evidências suficientes para que se possa afirmar modestamente a ocorrência de inquietações milenaristas substanciais, ao menos entre as camadas camponesas e populares — exatamente aqueles grupos sociais que deixam tão poucos registros históricos de suas preocupações, ainda mais numa era tão anterior à imprensa. Estou ao menos convencido de que a justificativa principal para meu ceticismo pode ser deixada de lado. Pois eu nem sequer conseguira convencer-me de que um ano 1000 de fato existira na consciência da maioria das pessoas. Nosso sistema corrente de contagem (a.C.-d.C.) só surgiu no século VI (ver o próximo capítulo), e eu achava que esse esquema não teria tido grande penetração na consciência popular na altura do ano 1000. Mas Landes e outros autores mostraram que as famosas cronologias do venerável Beda, aquele formidável clérigo e erudito inglês do século VIII, haviam sido largamente copiadas e distribuídas para uso quase canônico entre os cronógrafos eclesiásticos de toda a Europa. Beda seguiu e popularizou o sistema a.C.-d.C. Através de suas obras, o advento do ano 1000 — juntamente com suas implicações milenaristas — provavelmente encontrou eco em todas as classes sociais.

O caso do ano 1000 fornece o último elo de nosso percurso do milênio original como época futura de 1000 anos ao nosso uso corrente da mesma palavra para fins de períodos de 1000 anos, marcados por anos redondos com três zeros. Um personagem central dá lastro a essa transferência de sentido: o próprio Jesus Cristo. O milênio original especificava a duração de seu reino *depois* da Segunda Vinda. A fim de prognosticar esse evento abençoado, os primeiros cristãos postularam uma duração de 6000 anos para nosso tempo terreno comum, parcelados em seis períodos de 1000 anos cada um. Para que a passagem desses milênios cronométricos coincida com anos de três zeros, prenhes (como o iminente ano 2000) de tanta expectativa mundial, temos de apoiar nosso sistema de contagem em algum evento que supostamente tenha ocorrido num desses momentos "redondos".

Nosso sistema atual de contagem usa a data tradicional da Natividade como ponto de apoio. Os arquitetos de nosso calendário contaram retroativamente a partir desse evento, em pacotes de 1000 anos a.C., até chegarem à Criação. Em seguida, contaram progressivamente, em pacotes de 1000 anos d.C., até completarem os 6000 anos de História humana e localizarem o apocalipse ou a Segunda Vinda. Faz sentido. Um Deus de pendores matemáticos, ciente da atração exercida por ciclos e repetições numéricas sobre as criaturas adoráveis e falíveis que Ele criara à sua própria imagem, decerto encarnaria seu único e amado filho numa dessas viradas cruciais do ciclo cósmico dos milênios.

Restava uma última questão, a mais prática e portentosa; em qual das viradas de milênio Jesus nascera? Quantos dos seis milênios possíveis haviam precedido seu nascimento, e quantos restariam para nosso futuro? As pessoas que sucumbiram ao pânico no ano 1000 devem ter pensado que cinco milênios haviam precedido o nascimento de Jesus, e que portanto o apocalipse deveria chegar na virada seguinte.

Mais uma vez, e como sempre acontece na história do pensamento apocalíptico, o momento designado passou e a Terra persistiu. Os tradicionalistas então revisaram sua teoria da maneira mais óbvia e superficial: 4000 anos devem ter passado entre a Criação e a Natividade, de modo que o mundo vigente poderia seguir existindo até o ano 2000.

As origens da historiografia moderna no século XVII fornecem o capítulo final desse relato. Uma Criação em 4000 a.C. e uma destruição em 2000 d.C. podiam ser corroboradas por meio de simbolismo e alegoria; mas por que não ir em busca de corroboração nos dados da História humana? A Bíblia e outros documentos históricos preservavam a cronologia da vida humana. Por que não contar retroativamente a partir do nascimento de Jesus, através dos séculos de vida dos impérios romano e orientais, dos reinos de Judá e Israel, das eras dos patriarcas (incluindo os 969 anos de Matusalém), sem esquecer da semana da Criação, para então verificar se um início dos tempos em 4000 a.C. era compatível com os registros históricos?

Os documentos disponíveis já traziam estimativas aproximadas, o que era bom presságio para o sucesso de uma contagem mais rigorosa. Usando sistemas ligeiramente diferentes de cálculo, a Bíblia hebraica localizava a Criação em 3761 a.C., ao passo que a Septuaginta (a Bíblia grega, traduzida pelos judeus de Alexandria) favorecia a data de 5500 a.C. Mesmo antes do século XVII, vários eruditos haviam tentado a sorte, com resultados semelhantes. O venerável (e ao que parece ubíquo) Beda chegara a 3952 a.C., cifra irritantemente próxima da data preferida de 4000 a.C.

Mas o século XVII marcou a época de ouro da empresa de esquadrinhamento dos registros históricos à procura dos limiares do tempo. Nós tendemos a desdenhar tais esforços, estigmatizando-os como último bastião da idolatria bíblica impensada e antiintelectual. Claro está que não defenderei o conteúdo factual dessa empresa. Todos esses eruditos cometeram o erro crucial de julgar a Bíblia como literalmente verdadeira. Uma vez que a "semana" da Criação é muito curta, e por muitas ordens de magnitude, é óbvio que as datas calculadas não têm relação alguma com os prazos da história geológica! Mas não é justo invocar nossos conhecimentos atuais para castigar a erudição antiga, baseada em premissas diferentes e honoráveis (ainda que errôneas). Os calculadores cronométricos do século XVII incluíam os estudiosos mais brilhantes e eruditos daquele tempo. Seus esforços marcaram um ponto alto na tradição humanista, pois esses homens se devotaram ao uso exclusivo dos dados e da razão (por imprecisos que fossem seus dados e por arrevesado que fosse seu raciocínio quanto à questão fundamental do literalismo bíblico).

O arcebispo James Ussher, primaz anglicano para toda a Irlanda, publicou a mais famosa de todas as cronologias no ano de 1650: *Annales veteris testamenti a prima mundi origine deducti* [*Anais do Velho Testamento, deduzidos a partir da origem primeira do mundo*]. Ussher situou o momento da Criação num dia que viveria para a infâmia e a memória — 4004 a.C., ao meio-dia de um 23 de outubro. Que ninguém acuse o bom arcebispo de imprecisão!

A cifra de Ussher não poderia ser mais próxima da data esperada de 4000 a.C. Resta uma última questão de conciliação — e poderemos dar por encerrada essa investigação: onde o arcebispo Ussher foi encontrar aqueles quatro anos extras, e por que se sentiu obrigado a incluí-los na conta? Bastaria somar as datas bíblicas? Ou o bom arcebispo teria decidido, depois de tantos anos de trabalho concentrado, que a cronometria podia funcionar como as ferraduras — uma das poucas empresas humanas em que o "aproximadamente" funciona? Ou os quatro anos extras derivam de alguma interessante questão de princípios, perfeita para dar um acabamento a este relato?

Por sorte, a alternativa mais interessante é a correta. Como mostrarei no segundo capítulo, o inventor do sistema a.C.-d.C. cometeu um errinho infeliz ao situar o nascimento de Jesus no ponto de transição crucial. Herodes morreu em 4 a.C. Mas se Herodes ainda governava quando Jesus nasceu — o leitor imagine quantas boas histórias teriam de desaparecer no caso contrário (o massacre dos inocentes, o retorno dos três Reis Magos a seus países) —, então Jesus deve ter nascido em 4 a.C. ou antes. Ussher não fez mais que acrescentar esses quatro anos a sua cronologia (já que a teoria ditava que exatamente 4000 anos haviam decorrido até o nascimento de Jesus) e datar o início do mundo em 4004 a.C.

Ussher aceitava integralmente a versão estabelecida de 6000 anos entre a Criação e a Segunda Vinda. Ele executou seus cálculos em parte para determinar quando o mundo deveria acabar, na expectativa de que o milênio abençoado viesse cedo o bastante para reavivar as esperanças humanas, mas não tão cedo a ponto de tocar sua vida e seu poder. Ussher também apoiou o deslocamento semântico do milênio apocalíptico para o milênio cronométrico, isto é, ele advogou a noção de que o tempo deveria ser contado em unidades de 1000, e que cada transição milenar deveria ser marcada por algum grande evento, de modo a sinalizar a beleza grandiosa e a lógica interna do sistema de Deus — com o último momento, o início do verdadeiro milênio, agendado para exatamente 6000 anos depois da Criação.

Ussher argumentava que Salomão completara seu templo no meio do percurso, aos 3000, e que Jesus devia surgir exatamente 1000 anos depois, em 4000 a.m. (*annus mundi*, ou "ano do mundo"). Além disso, Ussher seguia a velha teoria medieval dos tipos, para a qual cada história do Novo Testamento era uma repetição simbólica de um evento do Velho Testamento — de modo que os 6000 anos do tempo formavam dois grandes ciclos coincidentes, o fim do segundo ciclo devendo marcar o fim da "vida como ela é" e o advento do milênio. Assim, muito embora possamos julgar esses termos de comparação forçados ou risíveis, Maria grávida de Jesus servia de tipo para a Sarça Ardente de Moisés — pois ambos guardaram em si a chama divina sem se consumirem. E a ressurreição de Jesus repete a libertação de Jonas do ventre da baleia — pois ambos foram sepultados na morte e na escuridão, mas deixaram a tumba no terceiro dia. Para Ussher, a Natividade é o tipo da construção do templo — o estabelecimento da velha e da nova ordem. Um Deus numérico, trabalhando com esse esquema de 6000 anos, certamente situaria esses dois eventos em transições milenares, separadas por 1000 anos exatos.

De modo que 4000 anos deviam separar a Criação do nascimento de Jesus, que surgira na Terra exatamente em 4000 a.m. Mas aquele probleminha incômodo com o nascimento de Herodes punha a disposição elegante de Deus fora de esquadro com o sistema a.C.-d.C. — errôneo, mas oficial —, que regulava o calendário secular. Por conseguinte, em nosso calendário furado, Jesus nascera em 4 a.C. Ussher escreveu (cito de meu exemplar desse livro extraordinário):

> A verdadeira Natividade de nosso Salvador ocorreu quatro anos antes do começo da era cristã corriqueira, como é possível demonstrar a partir da data da morte de Herodes. Pois, de acordo com nosso cálculo, o templo de Salomão foi concluído em 3000 a.m. e, no ano 4000 a.m., completados os dias em que a Santa Virgem, Mãe de Deus, carregou o próprio Cristo (de quem o templo era um tipo), Ele apareceu pela primeira vez aos homens; e, acrescentando-se quatro anos à era cristã, e subtraindo-se outros tantos dos anos que a precederam, teremos — no lugar da comum e corriqueira — a verdadeira e natural data da Natividade de Cristo.

O grande volume in-fólio de Ussher representa um imenso labor de cálculo e erudição (exigindo conhecimentos de latim, grego e hebraico). Não basta passar uma tarde chuvosa contando as gerações da Bíblia, pois as lacunas e ambigüidades são muitas, e o registro é incompleto: a cronologia do Velho Testamento termina com os livros de Ezra e Neemias, no século v a.C., e o Novo Testamento não a retoma antes da época de Jesus. É preciso então transitar entre o registro bíblico e os documentos históricos de outras sociedades (em especial da Babilônia, onde menções bíblicas e babilônicas podem ser correlacionadas com base no cativeiro dos judeus), avançando em seguida para a História romana, para então voltar ao Novo Testamento.

Poderíamos ser inclementes e suspeitar que todo o trabalho de Ussher não é mais que uma cortina de fumaça erudita a serviço de uma conclusão preconcebida. Ussher "sabia" que a Terra deveria durar precisamente 6000 anos e que Jesus tinha de ter nascido no ano 4000 a.m. — ele então sacudiu seus dados até que saíssem as datas "certas"? Pode ser, mas não acredito — ou ao menos tenho certeza de que Ussher procedeu com métodos e intenções honradas (por mais que seus preconceitos tenham afetado seus procedimentos). Todo estudioso tem de começar com alguma teoria em mente e a partir daí trabalhar para testar — e porventura refutar — suas preferências originais. Ussher sabia o que queria, mas começou a trabalhar sem nenhuma certeza de que os dados validariam seus desejos.

Para fazer justiça aos cínicos — que enfatizam a implausibilidade de conseguir dados reais para confirmar com tamanha precisão uma teoria sabidamente absurda e elaboradamente falsa —, Ussher deve ter operado ajustes vantajosos em todas as lacunas e ambigüidades. Os dados contêm imprecisões e vazios que permitem a um erudito fazer extrapolações exageradas, "jogar" com os dados e moldá-los a suas expectativas. Mas esses mesmos dados também impõem restrições a uma imaginação fértil. A informação real deve chegar muito perto dos 4000 anos que distanciam a Criação (e numa Bíblia entendida literalmente os dias da primeira e ativa semana de Deus têm apenas 24 horas) do nascimento de Jesus. Se as idades declaradas dos patriarcas, mais os reinados de Judá e Israel, montassem a 10 000 ou a 2000 anos, então toda a empresa estaria condenada, e seria necessário inventar um sistema de raciocínio alegórico para uso daqueles que ainda "soubessem" quando o mundo deveria acabar. Portanto, sejamos justos com Ussher e prestemos honras a seu trabalho substancial. Não duvido de que tenha interpretado a seu favor todos os pontos polêmicos, mas ele contou e trabalhou e leu e meditou, ano após ano, pacientemente.

Quer dizer então que o mundo deve acabar (e o milênio começar) exatamente em 6000 a.m., precisamente 2000 anos depois do nascimento de Jesus? Bem, o ano 2000 está logo ali adiante — deveríamos então começar a aprender como ranger os dentes e a inventar algum substituto não carcinogênico para o amianto se quisermos sobreviver ao fogo e ao enxofre que se avizinham. Mas esperem um minuto! Jesus nasceu em 4 a.C. — então 6000 a.m. já veio e já passou, precisamente em 23 de outubro de 1996, segundo a cronologia de Ussher. E o que aconteceu?

Bem, algo de sugestivo veio à tona naquele dia. Certa vez, George Burns afirmou, com inegável justiça, que a vitória dos New York Mets no campeonato de 1969 foi o primeiro milagre incontestável desde que o mar Vermelho se abriu. Sendo assim, se Deus de fato acena para nós por meio de eventos cruciais de nossa cultura secular, o dia 23 de outubro de 1996 foi marcado por um milagre de relevo. Os New York Yankees, perdendo por dois jogos a um em seu confronto com os todo-poderosos Atlanta Braves, estavam em desvantagem irremediável de 6 a 3, com apenas cinco rodadas mais no oitavo *inning* do quarto e crucial jogo — uma derrota e o déficit de 3 a 1 teria selado seu destino. Os Yankees venceram aquele jogo numa das viradas mais implausíveis e espetaculares do esporte. Assim, com base na suposição altamente razoável de que Deus torce pelos Yankees (além de ser uma figura gentil e inescrutável), é bem possível que Ele tenha usado 6000 a.m. para mandar um sinal e solicitar que nos preparemos seriamente antes que Lhe faltem as razões para mais delongas antes de puxar de vez a cortina final sobre a vida terrena como ela é.

Mas esperem um minuto mais! Como a próxima seção mostrará, 23 de outubro de 1996 não foi a virada de 6000 a.m.! Dionysius Exiguus, aquele monge desgraçado do século VI, aquele que errou por quatro anos o nascimento de Jesus, cometeu outro erro de monta ao estabelecer o sistema a.C.-d.C. Ele deixou de incluir um ano zero na transição — e é por isso que debateremos perenemente para decidir se os séculos começam nos anos em 00 ou nos anos em 01 e se o novo milênio chegará em 2000 ou 2001. Assim, graças a esse ano ausente, 6000 a.m. ficou para 23 de outubro de 1997, pela cronologia de Ussher!

Uau! Estou escrevendo este ensaio em janeiro de 1997, portanto ainda tenho algum tempo para me preparar (mas rápido, e sem desanimar!). Assim, caros leitores, finalizamos este capítulo com uma repetição do teste clássico para candidatos ao apocalipse — o tema que circulou ao longo destas páginas e da História ocidental. A primeira edição deste livro datará de novembro de 1997. Mas se a teoria de 6000 a.m. estiver correta, e se Ussher não tiver errado em sua cronologia, o mundo acabará em 23 de outubro de 1997. Sendo assim, se você estiver lendo este livro — como espero fervorosamente que esteja —, então o apocalipse prognosticado terá sido adiado outra vez. O único padrão que se vem repetindo no decorrer das eras — o fracasso das previsões apocalípticas — terá sido confirmado novamente, infundindo em nosso espírito a satisfação de uma ordem natural inteligível. Deus deve estar no céu — e tudo deve estar em ordem com o mundo!

1. *A bocarra do inferno é trancada por um anjo, do* Saltério de Henry de Bloise, bispo de Winchester (*século XII*), *manuscrito com iluminuras.*

2. Pecadores no inferno, juízo final (c. *1240*), *alto-relevo anônimo.*

3. Apocalipse de são João: Babilônia cai em poder dos demônios (*1363-1400*), *tapeçaria de Nicolas Bataille.*

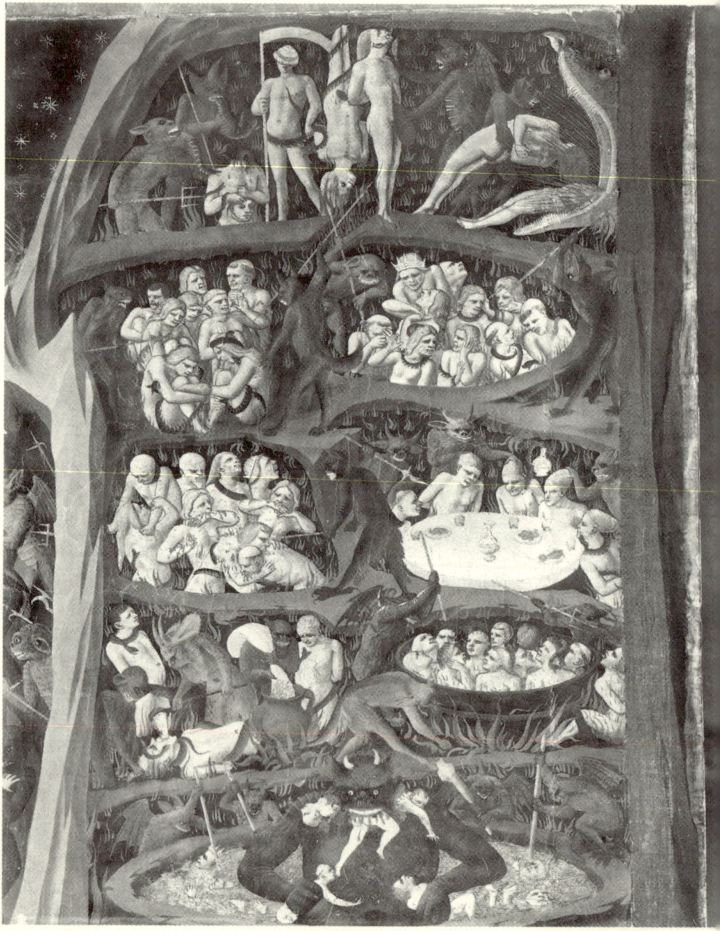

4. *Detalhe de* O juízo final (*1432-5*), *Fra Angelico.*

5. O juízo final (*século XIV*), *anônimo de Bolonha.*

6. *Detalhe de* O juízo final *(1443), painel central do tríptico de Rogier van der Weyden.*

7. Abertura do Quinto e do Sexto Selos, distribuição dos hábitos brancos entre os mártires e queda das estrelas (*1498*), *xilogravura de Albrecht Dürer sobre o* Apocalipse de são João.

8. Condenados no inferno (*1499-1500*), *afresco de Luca Signorelli.*

9. *Detalhe de* Os condenados no inferno (*1499-1500*), *afresco de Luca Signorelli.*

10. *Detalhe de* O juízo final (*1536-41*), *Michelangelo.*

THE

NINETEENTH CENTURY

AND AFTER

XIX-  -XX

A MONTHLY REVIEW

EDITED BY JAMES KNOWLES

VOL. XLIX

JANUARY—JUNE 1901

LONDON
SAMPSON LOW, MARSTON & COMPANY
(*LIMITED*)
St. Dunstan's House
FETTER LANE, FLEET STREET, E.C.
1901

11. The Nineteenth Century and After: A Monthly Review (*1901*).

Entered at the New-York Postoffice as Second-class Matter.

LIBRARY OF TRIBUNE EXTRAS.

VOL. XIII. JANUARY, 1901. NO. 1.

TRIBUNE ALMANAC

19 01

AND

Political Register

FIRST NUMBER OF

The Twentieth Century

25 Cents a Copy; $2.00 a Year.

12. Tribune Almanac and Political Register (*1901*).

13. A visão de são João (*1608-14*), *El Greco*.

14. O juízo final (1808), *William Blake.*

15. *Los (1794), do* Livro de Urizen, *de William Blake.*

16. Guernica (*1937*), *Pablo Picasso.*

2

QUANDO?

DESFAZENDO O DILEMA DE DÊNIS (DDD = 2000)

Em 1697, no dia designado para a expiação dos erros cometidos, Samuel Sewall de Boston permaneceu calado na velha South Church de Salem, enquanto o prior lia sua confissão em voz alta para toda a congregação. Ele foi o único dos juízes das supostas "bruxas" de Salem que teve a coragem de se submeter a tal tipo de humilhação pública. Quatro anos mais tarde, o mesmo Samuel Sewall elevou um clamor de júbilo ao Senhor — e num momento particularmente auspicioso. Contratou quatro corneteiros para que anunciassem (em suas palavras) "a entrada do século XVII" com toques de clarim em pleno Boston Common, bem ao nascer do sol. Também pagou ao pregoeiro local para que lesse em voz alta seus "Versos por ocasião do Novo Século". As estrofes de abertura soam especialmente comoventes hoje, primeiro por sua relevância (estou escrevendo num dia cinzento de janeiro em Boston, e a temperatura lá fora é de quase 19 graus negativos), segundo por seu paternalismo obsoleto, que realça tudo o que há de admirável e de duvidoso em nossa História:

Once more! Our God vouchsafe to shine:
Correct the coldness of our clime.
Make haste with thy impartial light,
and terminate this long dark night.
Give the Indians eyes to see
The light of life, and set them free.
So men shall God in Christ adore,
*And worship idols vain, no more.**

Não trago o assunto à baila a fim de constranger o bom juiz por seu erro trágico ou ainda para elogiar sua coragem louvável, mas por um aspecto aparentemente periférico da história de Sewall, mas que ganha vul-

(*) Literalmente: "Que novamente Deus permita que tu [o Sol] brilhes/ e corrijas o frio de nosso clima./ Apressa-te com tua luz imparcial/ e põe fim a esta longa noite escura./ Dá aos índios olhos para que vejam/ a luz da vida, e liberta-os./ Assim os homens adorarão Deus em Cristo/ e nunca mais louvarão os falsos ídolos". (N. T.)

to conforme nos aproximamos do milênio destinado a ser o clímax da década corrente. Sewall contratou seus corneteiros para o dia 1º de janeiro de 1701, não para 1º de janeiro de 1700, e com isso tornou explícita sua posição num debate deflagrado pelo início daquele novo século e amplificado por todas as transições semelhantes desde então (minha fonte principal para esta seção é uma meticulosa história dos fins de século — *Century's end*, de Hillel Schwarz). Quando terminam os séculos? Ao fim dos anos em 99 (é o que sugere a percepção geral) ou ao final dos anos em 00 (como dita a lógica estrita de certo sistema)?

O debate atual é mais intenso que nunca, por pouco tempo que nos reste até a próxima transição, e isso por duas razões óbvias. Em primeiro lugar — ó flagelo terrível! —, nossos tempos desconjuntados e nossa imprensa efervescente abrem amplo espaço para a repetição *ad nauseam* desse tipo de tolice; não nos empanturramos com trivialidades para desviar nossa atenção dos problemas verdadeiramente portentosos que nos assolam? Em segundo lugar, a próxima virada promete ser de arrasar, pois é chegado o milênio, grande e única ocasião para qualquer observador (ainda que algumas árvores, e talvez um ou dois fungos — mas nenhum animal —, tenham nascido antes do ano 1000 e portanto já tenham passado por essa experiência).

Em 26 de dezembro de 1993, o *New York Times* publicou uma matéria para comemorar o fim da orgia de compras natalinas e saudar o ano novo. Esse artigo sobre a exploração econômica do fim de século notava que "há dinheiro a ser ganho por conta do milênio [...] e da onda de pessimismo crescente. Talvez os visionários só precisem de algum tino para o marketing de massas". A enxurrada comercial do milênio está agora com força total: diários, agendas, as inevitáveis camisetas e canecas de café e mil outros produtos são empurrados de todos os lados, dos excêntricos *new age* da contracultura aos visionários linhas-duras da ala cristã, passando por um punhado de sujeitos simplesmente interessados em faturar alguma coisa. O artigo até contava a história de uma empresa de consultoria fundada unicamente para assessorar outras firmas na comercialização do milênio — de modo que estamos assistindo a um efeito fractal que poderíamos chamar de metaespeculação, algo assim como cobrar um dízimo sobre colheitas potenciais.

Lamento muitíssimo não poder, como se diz, "dançar conforme a música". Sinto-me obrigado a mencionar duas pequenas dificuldades que abafam um pouco o alarido universal. Em primeiro lugar, os milênios não são transições ao fim de períodos de 1000 anos, mas períodos definidos com 1000 anos de duração — de modo que nem sequer estou seguro de que estejamos usando o nome certo (ver mais acima para uma solução possível). Em segundo lugar, se devemos afinal comemorar alguma coisa, seja lá qual for seu nome, seria melhor que entrássemos em acordo quanto à data. Devotarei esta seção a explicar por que este segundo ponto não pode ser resolvido — um dilema esclarecedor, e não deprimente. Pois assim como Tennyson nos ensinou a preferir o amor perdido ao amor desconhecido, é bem melhor não saber, sabendo por que não podemos saber, do que simplesmente ignorar por que diabos tanta gente se exalta a propósito do melhor candidato a divisor de eras — 2000 ou 2001? Uma vez que se conheçam as alegações conflitantes, legítimas e insolúveis de ambas as partes, poderemos ao menos celebrar as duas datas com espírito equânime — ou, em casos de azedume e presunção, deixá-las inteiramente de lado, com certo ar de virtude esclarecida.

Como pessoa de estatura abaixo da média, tenho prazer em informar que a origem de nosso problema infernal sobre os fins de século pode ser localizada na pessoa de um monge do século VI conhecido por Dionysius Exiguus ou, literalmente, Dênis, o Baixinho. Designado pelo papa João I para preparar uma cronologia, Dênis, o Baixinho, seguiu a prática estabelecida e começou a contar os anos a partir da fundação de Roma. Contudo, a fim de equilibrar da melhor maneira suas filiações seculares e sagradas, Dionysius introduziu uma segunda divisão quando da vinda de Cristo. Ele marcou o nascimento de Jesus em 25 de dezembro de 753 a.u.c. (*ab urbe condita*, ou "a partir da fundação da cidade", isto é, da fundação de Roma). Dionysius então recomeçou a contagem do tempo poucos dias mais tarde, ou seja, em 1º de janeiro de 754 a.u.c. — portanto na festa da circuncisão, ou seja, no oitavo dia de vida de Cristo e, não por coincidência, no dia de Ano-Novo nos calendários romano e cristão-latino.

O legado de Dionysius só trouxe problemas. Em primeiro lugar, como já discutimos mais acima, ele nem sequer acertou a data, pois Herodes morreu em 750 a.u.c. Portanto, se Jesus e Herodes viveram na mesma época (e, no caso contrário, haveria de revisar drasticamente os Evangelhos), então Jesus deve ter nascido em 4 a.C. ou antes — o que garantiria ao iniciador dos novos tempos alguns anos de vida antes do começo de sua própria era!

(De minha parte, aprecio o oxímoro de um Jesus que nasce quatro anos antes de si mesmo. Por várias razões, entre as quais a resolução desse paradoxo e o desejo de menos exclusivismo num mundo diverso e repleto de gente não cristã, a terminologia "antes de Cristo" vem perdendo popularidade. Em inglês, usa-se às vezes "BCE", *before the Christian era* ["antes da era cristã"], quando se quer atenuar o oxímoro, ou *before the common era* ["antes da era comum"], quando se quer fugir ao exclusivismo. Os cientistas, que não vêem nada de especial na transição a.C.-d.C., tendem a usar BP, *before the present* ["antes do presente"], como em 32 410 BP, data — obtida através de radiocarbono — da mais antiga pintura paleolítica da caverna de Chauvet, na França; essa solução não deixa de ser uma boa maneira de reconhecer a irrelevância anacrônica do nascimento de Jesus do ponto de vista de um pintor rupestre, mas com a desvantagem de que o presente ganha uma unidade a cada ano, o que torna necessário conhecer o ano de publicação das fontes antes que se possa interpretar uma data expressa como BP. Queira Deus — e queira Jesus — que o leitor não tenha montes de datas em BP tiradas de publicações de vários anos, todas à espera de correção para um padrão comum!)

Mas o erro de Dênis quanto ao nascimento de Jesus é um pecado menor em comparação com as conseqüências de seu segundo deslize. Ele recomeçou a contagem do tempo em 1º de janeiro de 754 — data que batizou como 1º de janeiro do ano 1 a.D (*anno Domini*, ou "no ano do Senhor"), e não como 1º de janeiro do ano 0 (o que, em retrospecto, nos teria poupado tantos problemas!). Em suma, Dênis não começou a contar a partir de zero, perturbando assim todas as nossas noções habituais de contagem. Quando Jesus tinha um ano de idade, o sistema cronométrico que supostamente começara com seu nascimento já entrava por seu segundo ano (os bebês têm zero ano até seu primeiro aniversário, ao passo que os tempos modernos já tinham um ano em seu momento inicial).

Não devemos ser rigorosos demais com o pobre Dênis — pois seu erro tão inconveniente (quando visto de hoje) não tinha como ser evitado; não é o caso, portanto, de pichar sua porta (se é que os cubículos monásticos dispunham de tal elemento arquitetônico para a absorção de injúrias metafóricas). No século VI, a matemática ocidental ainda não desenvolvera um conceito de zero capaz de servir a Dênis como divisor de eras. Os egípcios haviam usado o zero, mas só esporádica e inconsistentemente. Os chineses não tinham um algarismo próprio para o zero, mas seus ábacos já embutiam o conceito. Os maias desenvolveram um símbolo para o zero, mas não sabiam usar o conceito de modo sistemático para fins de cálculo (sem falar que Dênis não sabia absolutamente nada sobre eles ou sobre seu hemisfério). Matemáticos hindus e árabes conceberam um conceito completo e operacional de zero — mas não antes dos séculos VIII ou IX —, e foi deles que a Europa emprestou o conceito. Ironicamente, outro personagem de nossa narrativa, Silvestre II, o papa do primeiro milênio (e um grande estudioso), que pontificou entre 999 e 1003, foi o grande partidário do zero e dos números arábicos modernos — mas veio tarde demais para ajudar

Dênis e pôr reparo na confusão perpétua que vem reinando desde então.

O problema das viradas de século deriva só e exclusivamente da decisão infeliz (e historicamente inevitável) de começar a contar a partir do um, e não do zero. Se não queremos abrir mão de décadas de dez anos e séculos de cem anos, então (sinto dizer!) o ano 100 pertence ao primeiro século. Por conseguinte, o dilema não se dissipa nunca. Todos os anos em 00 serão os anos finais de seus respectivos séculos, pouco importando quais sejam as preferências da sensibilidade comum: 1900 somou-se a todos os anos oitocentistas para perfazer o século XIX, e o ano 2000 será o ano conclusivo do século XX, e não o primeiro de um novo milênio. É o que dita a lógica do sistema de Dênis. Se nosso monge imprevidente tivesse começado com o ano zero, não haveria conflito entre lógica e sensibilidade, e os sinos milenaristas poderiam ressoar juntos e clamorosamente na virada de 1º de janeiro de 2000. Coisa que não acontecerá.

Uma vez que não há consenso entre lógica e sensibilidade, e visto que ambas têm alegações legítimas a apresentar, o grande debate recorrente sobre o limiar dos séculos simplesmente não tem como ser resolvido. Há questões que admitem resposta porque algum tipo de informação disponível impõe determinada conclusão. A Terra de fato gira em torno do Sol, e a evolução de fato regula a história da vida (mas duvido que algum dia possamos identificar Jack, o Estripador, sem sombra de dúvida). Contudo, muitos de nossos debates mais intensos não podem ser resolvidos por nenhum tipo de observação, uma vez que derivam de conflitos de valores ou de modos diversos de análise ("em quais circunstâncias o aborto será legalmente permitido?" ou "Deus existe?"). Um subconjunto desses debates insolúveis — perfeitamente triviais, mas capazes de provocar grande agitação, e por isso mesmo especialmente frustrantes — não admite respostas definidas porque gira em torno de palavras e sistemas; sendo assim, os fenômenos do mundo (isto é, as "coisas") não podem contribuir com soluções potenciais. O debate sobre os fins de século cai dentro dessa categoria vexatória.

A lógica do sistema arbitrário de Dionysius dita que os séculos virem na passagem dos anos em 00 aos anos em 01. A sensibilidade comum conduz à conclusão oposta: queremos que as transições coincidam com mudanças visíveis, e a mudança de 1999 para 2000 simplesmente parece mais drástica do que de 2000 para 2001, de modo que estabelecemos o limiar do milênio no momento em que todos os quatro algarismos têm de mudar, e não quando basta somar uma unidade à última casa. (Falo em "sensibilidade comum" em vez de em "senso comum" porque o que está em jogo aqui são questões de estética e sentimento, não de raciocínio lógico.)

Seria possível argumentar que, em sua condição de criaturas dotadas de razão, os seres humanos deveriam mostrar-se dispostos a submeter a sensibilidade à lógica — mas também somos, e em igual medida, criaturas dotadas de sentimentos. E assim segue o debate a cada nova rodada. Hillel Schwarz, por exemplo, cita duas cartas enviadas a jornais em 1901, redigidas em nome da sensibilidade comum: "Desafio o mais empedernido partidário da precisão a nutrir algum entusiasmo pelo ano de 1901, quando já teremos vivido por doze meses nos 1900s"; "As centenas são o símbolo, o único símbolo, dos séculos. A cada cem anos esse símbolo muda, num evento secular de grande relevo. O que pode ser mais natural do que conciliar os séculos a sua única marca visível?". Já que esses protestos precedem a invenção do odômetro automobilístico, não podemos atribuir nossa preferência atual pelo ano 2000 à introdução do mais óbvio dos artefatos que concentram nossa atenção sobre o aspecto numérico das transições milenares (certa vez, meu pai levou a mim e a meu irmão num passeio noturno pelas redondezas de Flushing para que tivéssemos o prazer de ver o odômetro girar de 9999 para 10 000, em vez de reservá-lo apenas para si, em seu caminho rumo ao trabalho na manhã seguinte. Aposto que metade dos leitores deste ensaio poderia contar alguma experiência semelhante).

Tenho uma queda pelas fraquezas humanas; de que outro modo continuaríamos rindo (e há que seguir rindo) num mundo árduo como o nosso? Quanto mais trivial e insolúvel a questão, maior o calor e maior a certeza de correção absoluta em cada partido envolvido (basta pensar em discussões sobre as vagas reservadas para os professores nos estacionamentos universitários). O mesmo clamor se eleva a cada cem anos. Um participante inglês do debate 1800 *versus* 1801 referia-se à "controvérsia ociosa, que vem convulsionando tantos cérebros, a propósito do começo deste século". Em 1º de janeiro de 1801, um poema publicado no *Courant* de Connecticut lançava uma maldição sobre ambas as partes (mas alinhava-se a Dionysius):

Precisely twelve o'clock last night,
The Eighteenth Century took its flight.
Full many a calculating head
Has rack'd its brain, its ink has shed,
To prove by metaphysics fine
A hundred means but ninety-nine;
While at their wisdom others wonder'd
*But took one more to make a hundred.**

A mesma presunção reapareceu um século mais tarde. O *New York Times*, com diplomacia antecipada, declarava em 1896: "Conforme o século presente se encaminha para o fim, vemos avultar-se pouco adiante a venerável disputa que reaparece a cada cem anos, a saber: quando começa o século seguinte? [...] Não resta dúvida de que é possível que uma pessoa afirme que o próximo século começará em 1º de janeiro de 1900, que outra ainda afirme que começará em 1º de

(*) Literalmente: "Precisamente às doze horas da noite de ontem,/ O século XVIII alçou vôo./ Muitas mentes calculadoras/ Torturaram o cérebro e derramaram tinta/ Para provar que, em boa metafísica,/ Cem é igual a noventa e nove;/ Os outros admiraram sua sabedoria,/ Mas somaram um para chegar à centena". (N. T.)

janeiro de 1901, e que ambas estejam no mais perfeito uso de suas faculdades". Mas um comentarista alemão notava: "Ao longo de minha vida pude ver muita gente discutir sobre muitas coisas, mas poucas vezes com tanto fanatismo como a propósito da questão acadêmica de saber em que ano terminaria o século [...]. Os dois partidos exibiam os cálculos mais capciosos ao mesmo tempo que afirmavam não haver coisa mais simples neste mundo, passível de ser entendida por qualquer criança".

E quanto a mim? Bem, é claro que em público não tomo posição alguma, visto que, como declarei há pouco, o dilema é insolúvel: ambos os lados têm argumentos consistentes, dentro de seus sistemas diversos mas igualmente defensáveis. Mas, cá entre nós, posso dizer o seguinte: conheço um rapaz com deficiência mental que é também um prodígio no cálculo de datas (ou seja: ele é capaz de dizer instantaneamente o dia da semana correspondente a qualquer data, no passado ou no futuro — ver a terceira parte deste ensaio); ele está inteiramente ciente do debate secular, pois nada poderia ser mais interessante para ele. Há pouco perguntei-lhe se a virada do milênio acontecerá em 2000 ou 2001, ao que ele respondeu sem hesitação: "Em 2000 — a primeira década teve apenas nove anos".

Que solução elegante! E por que não adotá-la? Afinal de contas, as pessoas daquela época não faziam idéia se estavam labutando no ano 0 ou no ano 1 — ou se a primeira década teria nove ou dez anos e o primeiro século contaria 99 ou cem anos. O sistema a.C.-d.C. seria inventado no século VI e só mais tarde a Europa inteira veio a aceitá-lo. Sendo assim, por que não proclamar que o primeiro século teve 99 anos, uma vez que nenhum contemporâneo sabia ou queria saber sobre o anacronismo que mais tarde pesaria sobre todos os dias de sua vida? Então os séculos poderiam virar nos anos preferidos pela sensibilidade comum, e nós minoraríamos o maldito arbítrio de Dionysius com um artifício capaz de conciliar as partes em conflito. Uma bela saída, mas desconfio que as pessoas querem discutir apaixonadamente sobre trivialidades insolúveis — antes isso que investir tanta energia turbulenta em batalhas reais, que poderiam acabar matando alguém.

E o que mais poderíamos salvar da repetição de um debate sem resposta possível? Ironicamente, tais argumentos guardam em si a possibilidade de um interessante achado sociológico: já que nenhuma resposta pode emergir dos fatos da natureza ou das necessidades internas da lógica, tais pontos de vista permitem reconstruir trajetórias "puras" do desenvolvimento das atitudes humanas — e assim podemos mapear as tendências sociais sem termos de contornar fatores perturbadores como as verdades estabelecidas.

Não tinha intenção de gastar mais que algumas horas com a pesquisa para este capítulo, mas, conforme procurava documentos sobre as transições seculares, notei algo de interessante nesse domínio sociológico. As duas posições — que venho chamando de "lógica" e "sensibilidade comum" — também têm claras correlações sociológicas, inesperadas para mim. A posição lógica — para a qual os séculos devem ter cem anos e as transições devem ocorrer, simplesmente porque Dionysius começou a contar do um e não do zero, entre os anos em 00 e os anos em 01 — sempre obteve maioria entre acadêmicos e gente de poder (na imprensa e no mundo dos negócios), representando o que poderíamos chamar de "alta cultura". A sensibilidade comum — para a qual devemos prestar honras à grande mudança entre 99 e 00, sem maior rebuliço por causa da imprevidência de Dionysius — tem sido desde sempre favorecida por aquela massa compósita outrora designada como zé-povinho ou "gente como a gente" e hoje conhecida por "cultura popular".

Essa divisão remonta ao início desse debate recorrente. Para Hillel Schwarz, a primeira grande celeuma data da passagem de 1699-1701 (localize o momento preciso como bem quiser), ocasião para os toques de clarim de Samuel Sewall em Boston. O interessante é que parte da discussão versou sobre uma questão que nos vem vexando desde então, a saber: a primeira transição milenar de 999-1001 levou a um período de temor pelo fim apocalíptico deste mundo?

Discuti esse tópico na primeira parte e agora quero apenas chamar a atenção para o fato de que o primeiro relato de pânico, uma obra do final do século XVI assinada pelo cardeal Cesare Baronio, já tratava do grande problema dos fins de século — e é claro que esse documento de incontestável alta cultura apontava o fim do ano 1000 como foco de expectativas apocalípticas, ao passo que obras mais populares sempre se inclinaram pelo fim de 999 (à maneira das citações jornalísticas logo acima). Assim, pode-se ver que, seja por anacronismo ou por testemunho direto, o debate nunca nos abandonou. No dizer de Hillel Schwarz:

> Debates sarcásticos, renhidos e por vezes apaixonados em torno do Ano-Novo de 99 versus o Ano-Novo de 00 têm sido travados desde a década de 1690, e a confusão agora se alastrou para a matemática do milênio. Para Baronio e suas (parcas) fontes medievais, as expectativas milenaristas convergiam para o ano 1000, enquanto o ano de 999 vem obtendo maior destaque nas lendas sobre o pânico de então.

O padrão dos debates mantém-se até hoje, de sua primeira florescência na década de 1690, passando por seu alastramento para jornais de Londres e Filadélfia na década de 1790 (e de modo mais pungente nos Estados Unidos, que prantearam a morte de George Washington exatamente no final de 1799), até sua explosão mundial num frenesi de discussões no decorrer da década de 1890.

A versão da década de 1890 exibe a divisão mais clara entre alta cultura e cultura popular. Algumas fontes da alta cultura alinharam-se à preferência popular. O imperador alemão Guilherme II declarou oficialmente que o século XX começara em 1º de janeiro de 1900. Alguns barões acadêmicos, incluindo parceiros tão improváveis quanto Sigmund Freud e Lord Kelvin, concordaram. Mas a alta cultura tendeu esmagadoramente para o imperativo "dionisíaco" de 1900-1901. Uma pesquisa diligente mostrou que os presidentes de Harvard, Yale, Princeton, Cornell, Columbia, Dartmouth, Brown e Pensilvânia favoreciam 1900-1901 — e com toda a Ivy League* apoiando firmemente Dionysius, quem se importaria com um mero imperador?

De qualquer modo, 1900-1901 ganhou por boa vantagem nos dois fóruns que de fato importavam. Quase todas as celebrações públicas pelo começo do novo século, em todo o mundo e também na Alemanha, ocorreram entre 31 de dezembro de 1900 e 1º de janeiro de 1901. Ademais, quase todos os grandes jornais e revistas deram as boas-vindas ao novo século em seus primeiros números de janeiro de 1901. Pesquisei as fontes principais e não encontrei exceções. *The Nineteenth Century*, um importante periódico britânico, mudou seu nome para *The Nineteenth Cen-*

(*) Literalmente, "Liga da Hera", associação de grandes universidades da Nova Inglaterra. (N. T.)

tury and After — mas só na edição de janeiro de 1901, que também estampava o novo logotipo, um Janus bifronte em que um velho olhava para baixo e para trás, na direção do século XIX, enquanto um rapaz resplandecente olhava para cima e para o século XX. Referências tão confiáveis quanto *The Farmer's Almanac* e *The Tribune Almanac* nomearam seus volumes de janeiro de 1901 como "as primeiras edições do século XX". Em 31 de dezembro de 1899, o *New York Times* começava uma matéria declarando que "amanhã entraremos no último ano de um século marcado por mais progresso no que diz respeito ao bem-estar material e ao esclarecimento da humanidade do que toda a História da raça". Um ano e um dia mais tarde, em 1º de janeiro de 1901, a manchete principal proclamava a "Entrada triunfal do século XX" e descrevia as festividades em Nova York: "As luzes piscavam, as multidões cantavam, as sirenes dos navios no porto berravam e rugiam, sinos dobravam, bombas retumbavam, foguetes cruzavam os céus e o novo século fez sua entrada triunfal". Mas a pobre senhora Carry Nation não pôde ver os fogos de artifício nem mesmo erguer um brinde, como relatava uma pequena matéria na mesma página: "A senhora Nation em quarentena — Varíola na cadeia onde a praga dos *saloons* de Kansas está detida — Ela declara poder suportar".

Vemos então que, na última rodada, a alta cultura ainda tinha em mãos as rédeas da opinião pública — mesmo em órgãos da cultura popular como o *Farmer's Almanac*, sem dúvida publicado por homens que se consideravam parte da elite. Mas observemos a diferença conforme nos aproximamos do milênio — pois quem duvida que a cultura popular levará a melhor no mais importante tira-teima? Bem, é claro que as fontes "oficiais" da pureza evanescente da alta cultura farão o barulho de sempre. Enquanto revia este ensaio, notei a seguinte manchete no *New York Times* de 8 de dezembro de 1996: "Observatório Britânico toma posição sobre o começo do milênio". A matéria começa reconhecendo o *fait accompli* da força da cultura popular:

> Quando os relógios soarem meia-noite em 31 de dezembro de 1999, bilhões de pessoas em todo o mundo celebrarão a aurora de um novo milênio — um ano antes da hora, dizem alguns especialistas. Eles afirmam que, quando o champanhe começar a fluir e os beijos marcarem o início de uma nova era, os foliões estarão na ver-

dade saudando o último ano do milênio corrente, e não o primeiro ano do próximo.

O *Times* então relata que a mais oficial das fontes — o padrão de ouro que teria facilmente imposto sua vontade nos séculos precedentes — conferiu os louros da vitória ao eterno favorito da alta cultura, a solução impopular de Dionysius Exiguus: "O começo do novo milênio acontecerá em 1º de janeiro de 2001, não de 2000, afirmam pesquisadores do Observatório Real de Greenwich em Cambridge, Inglaterra".

Mas os tempos mudaram, e o *Times* não tardou em reconhecer por que a solução de Greenwich não tem como prevalecer. Em primeiro lugar, ninguém detém um *imprimatur* no mundo descentralizado de hoje:

> Além de não se localizar mais em Greenwich, o observatório já não é o relógio do mundo. O *tempo universal coordenado*, medido em cerca de 150 relógios atômicos ao redor do mundo, substituiu a hora de Greenwich como padrão temporal.

Em segundo lugar, as preferências da cultura popular já não podem ser escamoteadas. Mesmo Greenwich, outrora poderoso, viu-se reduzido ao muxoxo impotente! A matéria do *Times* prossegue:

O ano 2000 "decerto será celebrado como seria de se esperar em um ano redondo", afirma uma declaração oficial do observatório. "Entretanto, em termos mais precisos, estaremos entrando no ano de número 2000, isto é, no último ano do milênio, e não no início do novo milênio."

Seguindo sua própria tradição, mas dessa feita armada da autoridade invencível de novas relações sociais, a cultura popular não prestará nenhuma atenção às tolices de John Bull. Preparem-se: o debate perene (ou melhor, centenário) está de volta! O *Times* publicou duas cartas em 12 de dezembro último, uma delas anunciando que não há razão para discutir, já que mais de 2000 anos já se passaram desde o verdadeiro nascimento de Cristo; a outra respondia com vigor e desdém à velha-guarda de Greenwich:

> Basta de sofismas sobre por que o ano 2000 não é o começo do novo milênio. A sabedoria popular já decidiu a respeito, por mais que os astrônomos discordem. O argumento deles de que não há um ano zero é tolo, podemos introduzir um ano zero onde bem quisermos. A seqüência de anos pode ser redefinida como 3 a.C., 2 a.C., 1 a.C. *ou* 0 d.C., 1 d.C., 2 d.C.... E assim o ano 1 a.C. simplesmente teria nomes diferentes no sistema d.C. e no sistema a.C."

Essa carta agregava mais uma razão engenhosa e adequada para celebrarmos o ano 2000, análoga à de meu informante, citada mais acima, e que consiste em introduzir um primeiro século de apenas 99 anos. Como venho enfatizando, problemas arbitrários desprovidos de respostas definitivas exigem soluções conseqüentes e arbitrárias.

Seja como for, e no tribunal decisivo da cultura e da sociologia, quem pode duvidar que 2000 ganhará essa parada? Arthur C. Clarke e Stanley Kubrick alinharam-se a Dionysius em suas respectivas versões para *2001, uma odisséia no espaço*, mas não consigo lembrar-me de nenhuma outra fonte que não indique a virada do ano 2000 como o grande momento de transição. Todos os títulos da literatura estridente a respeito prestam honras à preferência popular pela mudança numérica máxima — incluindo *Millenium: a novel about people and politics in the year 1999*, de Ben Bova; *Shall we make the year 2000*, de J. G. de Beus; *The year 2000*, de Raymond Williams; e até mesmo *1999: victory without war*, de Richard Nixon. A mesma data é citada em *1999*, o sucesso de Prince — uma espécie de fonte *nec plus ultra* da cultura popular.

Os historiadores da cultura já observaram várias vezes que a expansão da cultura popular, medida tanto pelo respeito por suas produções como pela difusão de sua influência, é uma das tendências marcantes do século XX. Músicos como Benny Goodman ou Wynton Marsalis tocam seus instrumentos em bandas de jazz e orquestras clássicas, o Metropolitan Opera House há pouco encenou *Porgy and Bess* — bravo! Há mesmo estudiosos escrevendo artigos eruditíssimos sobre Mickey Mouse.

Essa mudança notável já foi bem documentada e muito debatida, mas acho que os comentários têm ignorado o exemplo do debate sobre os fins de século. A divisão que discutimos ainda tinha importância em 1900, e a alta cultura venceu então ao impor 1º de janeiro de 1901 como início do século XX. A cultura popular (ou o amálgama resultante de sua difusão entre os formadores de opinião) já pode cantar vitória sobre o milênio, que começará junto com o ano 2000 simplesmente porque assim o sente a maioria das pessoas, apesar de Dionysius — e novamente bravo! Meu jovem amigo quis resolver o debate atribuindo 99 anos ao primeiro século; agora, a humanidade pronunciou-se pelo outro extremo — e a transição do domínio da alta cultura para a difusão da cultura popular resolveu a disputa das eras atribuindo 99 anos ao século XX! A velha-guarda de Greenwich pode fazer beicinho à saciedade, mas o mundo vai dançar e festejar em 1º de janeiro de 2000.

E é bom que seja assim, pois debates eternos sobre o insolúvel são de fato um desperdício de tempo, uma fonte de mau humor e um desvio de energia das questões que realmente importam. Guardemos nosso vigor mental, não para o estabelecimento do milênio abençoado (pois duvido que seres humanos sejam capazes de tal perfeição), mas para construir Jerusalém sobre a terra verdejante e aprazível deste nosso planeta.

3

POR QUÊ?

Parte 1

NATUREZA RENITENTE

Temos a falsa impressão, reforçada por testemunhos sabidamente exagerados, de que o universo funciona com a regularidade de um relógio ideal e, portanto, de que Deus deve ser um matemático rematado. No mais famoso de seus aforismos, Galileu descreveu o cosmos como "um grande livro escrito na linguagem da matemática, cujos caracteres são triângulos, círculos e outras figuras geométricas". O biólogo escocês D'Arcy Thompson, um de meus primeiros heróis intelectuais e autor de um livro incomparavelmente bem escrito, *Growth and form* [*Desenvolvimento e forma*], publicado em 1917 e ainda firme no catálogo das editoras, afirmou que "a harmonia do mundo manifesta-se na forma e no número; o coração e a alma e toda a poesia da filosofia natural encarnam-se no conceito de beleza matemática".

Muitos cientistas invocam essa regularidade matemática quando se trata de argumentar, ao menos metaforicamente, que qualquer Deus demiurgo tem de ser um matemático da escola pitagórica. Assim, o célebre físico James Jeans escreveu: "A julgar pela evidência intrínseca de sua criação, o Grande Arquiteto do Universo parece mais e mais um matemático puro". Essa impressão acabou por vazar para o pensamento popular e para a pregação artística. Numa palestra de 1930, James Joyce definiu o universo como "pensamento puro, o pensamento de alguém que, à falta de termo melhor, temos de descrever como um pensador matemático".

Se esses hinos e efusões fossem invariavelmente verdadeiros, eu poderia compor minha própria versão lírica desse consenso e terminar este livro por aqui. Pois cheguei agora ao último grande domínio de questões milenaristas — a cronometria. Preciso então investigar por que as questões cronométricas exerceram tanto fascínio através dos tempos e por que tantos estudiosos e matemáticos gastaram tanto tempo inventando calendários e entrando em debates infindáveis sobre sistemas — adequados ou inadequados, elegantemente simples ou exageradamente elaborados, naturais ou artificiais — de contagem do tempo em segundos, minutos, horas, dias, semanas, meses, lunações, anos, décadas, séculos, milênios, *tuns* e *baktuns*, *tithis* e *karanas*, idos e nonas. Nossa decisão — culturalmente contingente — de adotar o milênio e impor divisões por 1000 a um sistema solar que não inclui nenhum ciclo natural semelhante vem acrescentar um ingrediente importante a esse redemoinho de debates cronométricos.

Se Deus fosse o Pitágoras do universo galilaico, a cronometria jamais teria chegado a ser um tema científico. Todos os ciclos relevantes para a contagem do tempo seriam múltiplos exatos e simples entre si — e qualquer um saberia como contá-los. Poderíamos ter um ano (Terra ao redor do Sol) de exatamente dez meses (Lua em torno da Terra) e precisamente cem dias (Terra em torno do próprio eixo), medidos com rigor até a enésima casa decimal. Mas Deus, por graça, tem algo tanto de Loki quanto de Odin, de comediante e de estudioso, de bufão e de santo. E Deus não criou um universo tão regular assim; e nós, pobres sujeitos feitos à sua imagem, estamos condenados a nos enredar em questões cronométricas até o dia de são Nunca, ou até que Cristo apareça para inaugurar seu milênio.

Longe de mim negar que haja alguns recantos de regularidade matemática verdadeiramente espantosa, que embelezam o cosmos em várias escalas. Os compartimentos de uma colmeia e os pilares de basalto de Giant's Causeway,* na Irlanda do Norte, formam hexágonos muito bonitos e bem regulares. Muitas "leis" da natureza podem ser escritas em fórmulas matemáticas de incrível simplicidade e elegância. Quem pensaria que algo como $E = mc^2$ poderia descrever a liberação da prodigiosa energia de um átomo?

Mas costumamos extrapolar a propósito da regularidade matemática da natureza, e minha citação inicial está entre os maiores culpados. O fato é que a natureza é infinitamente diversa e constantemente surpreendente — ou, nas palavras de J. B. S. Haldane, "não só mais estranha do que supomos, mas mais estranha do que *podemos* supor". Intitulei esta seção *Natureza renitente* porque desejo examinar dois aspectos opostos de como a natureza se recusa a ser

(*) "Passarela do Gigante": formação rochosa e ponto turístico no condado de Antrim. (N. T.)

matematicamente simples e imediatamente significativa. O segundo aspecto força todas as sociedades — cada qual à sua maneira, do Egito à China ou à América Central — a se enredarem na invenção de calendários, um tema difícil e confuso, muito além da mera contagem. Muitas questões sobre o milênio — Por que baseamos nossos calendários em ciclos? Por que adotamos um intervalo de 1000 anos desligado de qualquer ciclo natural? — derivam diretamente dessas complexidades inescapáveis. Qualquer explicação adequada de nossa loucura milenarista atual exige que entendamos por qual razão a cronometria tem sido um tema tão fascinante e perturbador para todas as sociedades humanas complexas.

O primeiro aspecto diz respeito a regularidades que vêm a ser acidentais — para nosso azar. Para dar um exemplo de relevo, basta pensar no significado e na importância de que a cultura tradicional investiu o tamanho igual do Sol e da Lua — fonte prolífica de mitos e sagas e ingrediente indispensável da ordem celeste: "E Deus fez dois grandes luminares, o luminar maior para reger o dia e o luminar menor para reger a noite" (Gênesis 1:16). Mas essa igualdade de tamanhos observáveis é inteiramente fortuita e não é conseqüência de nenhuma regularidade matemática ou lei da natureza. O diâmetro do Sol é por volta de quatrocentas vezes maior que o da Lua, mas o Sol também está mais ou menos quatrocentas vezes mais distante — de modo que os dois discos parecem de tamanho quase igual para um observador localizado na Terra.

O segundo aspecto diz respeito a regularidades muito úteis e trabalhosamente perseguidas, que, entretanto, simplesmente não existem — e somos forçados a recorrer a aproximações inconvenientes e inexatidões irredutíveis. As complexidades da cronometria surgem quase inteiramente aqui, como ilustrarei por meio dos dois grandes exemplos que vêm atormentando a humanidade desde que Og, o Homem das Cavernas, percebeu que seus símbolos de lua cheia, distinta e cuidadosamente inscritos em sua tabuinha de osso de mamute, não se alinhavam regularmente com os símbolos de dias, escavados logo abaixo. Foi quando Og coçou a cabeça, convenceu-se de que devia ter cometido um erro, pôs-se novamente a registrar tudo ainda mais cuidadosamente e chegou ao mesmo resultado (ou bem Og enlouqueceu, tornou-se um chato insuportável para seus camaradas e acabou no exílio, ou bem se rendeu ao empirismo e tornou-se o primeiro arquiteto de um calendário complexo e aproximativo).

Os dois primeiros exemplos que têm assolado todas as culturas complexas — o número fracionário de dias e lunações para cada ano solar — derivam da mesma origem: a recusa obstinada da natureza em funcionar segundo relações numéricas simples justamente naquele domínio em que tal regularidade seria mais útil para nós. Ao que tudo indica, a natureza é capaz de produzir um belo hexágono, mas não pôde (ou não quis) produzir um ano com um número exato de dias e lunações.

Que confusão! Tanto nossas exigências práticas (temporadas de caça e plantio, marés para pesca e navegação, para não falar do grande bicho-papão da História cristã, o cálculo da Páscoa) quanto nossa necessidade mental intrínseca de usar a regularidade numérica a fim de ordenar um mundo confuso levam-nos a manter registros dos três grandes ciclos naturais — os dias como rotações da Terra, as lunações como revoluções da Lua e os anos como revoluções em torno do Sol (nossos outros ciclos cronométricos principais, das semanas aos milênios, não mapeiam nenhum evento astronômico e surgem por razões mais complexas e contingentes, relacionadas à História humana).

Se algum desses ciclos naturais fosse múltiplo inteiro de qualquer outro, teríamos um belo calendário, simples e recorrente, que tornaria a vida mais fácil e confortável. A natureza, entretanto, não tem nada a nos oferecer além de números fracionários com inumeráveis e infinitas casas decimais. Poderemos perceber melhor como essa construção inconveniente da realidade física vem afetando a História humana se acompanharmos o tratamento que a sociedade ocidental reservou a duas grandes complexidades cronométricas impostas pela disparidade dos ciclos naturais.

Os dias do ano solar

365 dias, 5 horas, 48 minutos e 45,96768... segundos! O que Deus terá urdido? Os egípcios deram-se conta, seguidos pelos chineses e pelos maias — cada um por si e para consternação de todos. 365,25 — isto é, precisamente 365 dias mais um quarto de dia — já seria bastante ruim. Ainda teríamos o inconveniente de um ano bissexto a cada quatro anos, com todo o folclore que isso acarreta — incluindo um fevereiro

variável que consome metade da cantiga que ensinava às crianças a duração dos meses:

Thirty days hath September
April, June and November.
All the rest have thirty-one.
Except for February alone
Which hath but twenty-eight, in fine,
*Till leap year grants it twenty-nine.**

O poder desses versinhos de pé-quebrado é de assustar: até hoje não consigo separar os "trintas" dos "trinta-e-uns" sem recitar por inteiro os dois primeiros versos.

Soluções mais racionais podem ser concebidas para regularizar as unidades intermediárias que muitos calendários utilizam e que nós chamamos de meses, por mais que eles não coincidam com as verdadeiras lunações (discutidas na próxima seção, e por boas razões). Várias sociedades chegaram independentemente à idéia de dividir 360 dias em unidades

(*) Literalmente: "Trinta dias têm setembro,/ Abril, junho e novembro./ Todos os outros têm trinta e um,/ Exceto apenas fevereiro,/ Que em geral tem vinte e oito,/ Até que o ano bissexto lhe dê vinte e nove". (N. T.)

iguais (dezoito "meses" de vinte dias entre os maias vigesimais; doze meses de trinta dias, devidamente rebatizados, no calendário ao estilo *tabula rasa* dos revolucionários franceses de 1792) e então instituir cinco dias especiais para completar o ano (vistos pelos maias como especialmente agourentos, ainda que servissem de desculpa para uma festa prolongada entre os franceses). É verdade que ainda há de se dar um jeito naquele maldito quarto de dia — e assim os franceses adicionavam mais um dia especial, completando seis, a cada quatro anos.

Os enigmas dos anos bissextos podem engendrar infinitas complexidades e trivialíssimas discussões. Basta pensar no folclore em torno dos aniversários e nas histórias que envolvem grandes personalidades. Tome-se como exemplo o caso do compositor Rossini, que há pouco, em 29 de fevereiro de 1992, celebrou seu quadragésimo oitavo aniversário logo depois que a Terra completou a ducentésima volta em torno do Sol desde seu nascimento, em 1792 (isso mesmo, seu quadragésimo oitavo aniversário, não o qüinquagésimo: um pouco de paciência, pois a solução desse probleminha vexatório depende do próximo nível de complexidade cronométrica, discutido na seção seguinte).

E pensemos ainda em Frederick, o pobre aprendiz de pirata, entregue aos famosos piratas de Penzance até seu vigésimo primeiro *aniversário*. A ópera cômica homônima de Gilbert e Sullivan começa com as festividades pela iminente libertação de Frederick. Mas o pobre rapaz nascera em 29 de fevereiro, de modo que ainda "mal passou dos cinco". A ópera tem por subtítulo "O escravo do dever" — e é fácil adivinhar que Frederick concorda em ficar até o fim do período contratado; nesse meio tempo, apoquenta sua noiva, Mabel: "Em 1940 serei maior de idade; retornarei e pedirei sua mão, garanto!". Mabel responde: "Parece tanto tempo!", mas afinal promete esperar. Pobre Mabel! A situação já não era das melhores, mas Gilbert cometeu o mesmo erro de quem pensou que Rossini celebrou seu qüinquagésimo aniversário em 1992. Mabel terá de esperar até 1944, quando Frederick terá viçosos 88 anos, e não até 1940, quando seu amado, notavelmente mais moço, terá 84 anos cronológicos.

A primeira reforma moderna do calendário ocidental, implementada por Júlio César em pessoa no ano de 45 a.C., não reconhecia essa irregularidade extra de 365 dias mais um-tantinho-menos-que-um-quarto-de-dia (365,242199..., para sermos precisos) e calculava com base em 365 mais um quarto. Haveria necessidade de se preocupar com uma aproximação tão desprezível, que estende o ano solar em apenas onze minutos e alguns trocados? O fato é que o calendário juliano operava de modo extremamente simples (dada a inegável realidade daquele dia fracionário depois dos 365 inteiros). O calendário juliano faz apenas uma e somente uma correção — e essa correção segue uma regra invariável. A cada quarto ano (o bissexto), o calendário adiciona um dia extra para completar 366. Já que não há maneira de acomodar dias fracionários num calendário racional, uma seqüência infinitamente recorrente de 365, 365, 365 e 366 há de servir como boa versão em dias inteiros de um ano solar que de fato dura 365 e um quarto.

Não fosse pela complexidade adicional e inconveniente de que o ano solar não chega exatamente a 365 dias e um quarto! O ano fica aquém dessa regularidade fracionária por irritantes onze minutos mais um trocado. Esse pequeno arredondamento do calendário juliano não faz grande diferença no começo, mas os onze minutos extras seguem se avolumando — e

César viveu um bom tempo atrás! Assim, o calendário começará a acumular um número considerável de dias extras (sete a cada 1000 anos, precisamente), e o processo continuará indefinidamente, deixando o calendário juliano fora de esquadro com o ano solar. Isso quer dizer que, se quisermos que o equinócio de primavera no hemisfério norte caia sempre por volta do mesmo dia, 21 de março ou algo assim (o que seria conveniente para todos, padres ou fazendeiros, e absolutamente necessário, como veremos, para a determinação da data da Páscoa), o calendário juliano torna-se mais problemático conforme os séculos passam. O equinócio de primavera (ou qualquer outra data fixa) começa a se adiantar mais e mais no calendário. E essa mancha na reputação de César talvez seja um golpe mais duro que a ferida infligida por Brutus.

Sendo assim, o papa Gregório XIII aplicou-lhe um golpe mais suave e racional. Por volta do século XVI, aquele arredondamento inexorável, progredindo ao ritmo de onze minutos e catorze segundos por ano, chegara a acumular dez dias extras. Essa inexatidão vinha gerando algumas conseqüências sérias, em particular para os padres e astrônomos encarregados do santo e solene dever de determinar a data da Páscoa.

Gregório então adotou uma estratégia imemorial — reuniu um comitê e nomeou um secretário espertíssimo, o eminente matemático jesuíta Cristóvão Clavius. O comitê, que iniciou seus trabalhos em 1578, saiu-se com uma daquelas soluções práticas e engenhosas que não têm lugar no mundo elegante e empolado das grandes teorias, mas que possuem a virtude cardeal de funcionar às mil maravilhas. O papa Gregório proclamou as novas regras na bula papal de 24 de fevereiro de 1582. Chamamos essa correção de reforma gregoriana, e esse calendário aperfeiçoado — o mesmo que ainda usamos — atende por calendário gregoriano.

O comitê de Clavius enfrentou dois problemas distintos e resolveu-os de duas maneiras diversas. Em primeiro lugar, o velho calendário juliano se adiantara em dez dias e tinha de ser realinhado com o ano solar (de modo que equinócios e solstícios voltassem a suas datas tradicionais e ficassem quietos ali). Esse problema só podia ser resolvido pela velha técnica de escolher o mal menor — de modo bem radical, é verdade, mas o que mais eles poderiam fazer? Clavius recomendou que dez dias fossem descartados por ordem oficial, e foi o que o papa Gregório fez — isso mesmo, e por obra de um *cumpra-se!* papal. Em 1582, os dias de 5 a 14 de outubro simplesmente sumiram e nunca mais reapareceram! O dia seguinte a 4 de outubro tornou-se 15 de outubro, e o calendário voltou à sincronia.

A solução pode parecer bizarra ou mesmo extravagante para muita gente, uma afronta tanto à ordem natural quanto à dignidade humana. Com que direito e por qual capricho um poder terreno faz com que os dias desapareçam? Não nego que a solução de Gregório tenha criado situações inconvenientes (salários, juros bancários — se é que o conceito já existia —, idades, aniversários e assim por diante), mas provavelmente nada na escala do desastre vindouro (e cuja prevenção não será barata), quando os computadores, em 1º de janeiro de 2000, lerem seu código de data em dois dígitos como 1900 em vez de 2000 e prontamente entrarem em parafuso (mal posso esperar que meu banco me pague os juros devidos a um depósito feito há cem anos...).

Na verdade, a solução de Gregório, longe de ser monstruosa, foi eminentemente sábia e prática. O dia registra um ciclo astronômico real, mas a data que afixamos a cada dia só existe por conveniência humana. O período de 5 a 14 de outubro sempre foi parte de um sistema humano artificial, e não uma realidade natural. Se precisamos cortar esses dias para tornar nosso sistema artificial mais conforme ao ciclo natural de equinócios e solstícios, façamo-lo à vontade e sem sentimento de culpa.

Em segundo lugar, Clavius & companhia tinham de formular uma nova regra cronométrica para evitar a inexatidão insidiosa do sistema juliano. Fizeram-no instituindo um ano de 365,2422 dias, muito mais próximo da realidade astronômica do que a solução juliana (e operacionalmente mais cômoda) de 365,25. Para instituir esse novo ano, tiveram de introduzir uma correção de segundo grau na velha regra dos anos bissextos, dando assim origem à regra mais complexa que ainda usamos hoje em dia. O calendário juliano admitia anos bissextos demais, e então Clavius imaginou um jeitinho de descartar regularmente alguns anos bissextos, preservando a aparência de sabedoria e coerência do sistema (e ao mesmo tempo escamoteando a origem puramente prática do problema, que por si só exigiria apenas uma solução eficiente e arbitrária). Clavius sugeriu que descartássemos o ano bissexto nas viradas de século, a intervalos de cem anos.

Entretanto, como argumentei logo no início desta seção, os ciclos naturais impõem uma confusão numérica — o exato oposto da ordem adamantina que Galileu, Jeans ou Joyce queriam atribuir ao cosmos. Regras simples raramente funcionam, e a decisão de descartar anos bissextos nas viradas de século exigia mais uma correção — dessa feita, de terceiro grau, tomando o ano bissexto juliano como correção de primeiro grau para o número fracionário de dias, o descarte centenário como correção de segundo grau para o arredondamento juliano, e esta última regra como correção de terceiro grau para a regra de descartes centenários.

Clavius percebeu que, se a solução juliana adicionava demais, a correção centenária tirava demais — exigindo que devolvêssemos alguma coisa de vez em quando. Clavius então sugeriu que um ano bissexto descartado fosse restaurado a cada quatro séculos, e formalizou o procedimento numa regra: remover anos bissextos em viradas de séculos, mas restaurando-os em anos divisíveis por 400 (como já disse, isso pode parecer uma questão de princípios, mas não é mais que uma regra prática).

Essa correção de terceiro grau tampouco é perfeita, mas consegue estabelecer uma boa sincronia entre o calendário gregoriano — nosso calendário — e o ano solar. Com ela, o ano gregoriano aparta-se do ano solar por meros 25,96 segundos — precisão suficiente para exigir uma só correção a cada 2800 anos, aproximadamente. A discrepância tornou-se pequena o bastante para não fazer diferença em termos práticos — ou terei de pagar por estas palavras à medida que nossa sociedade tecnológica clama por precisão crescente?

Em suma, a reforma gregoriana de 1582 revisou o calendário juliano descartando aqueles dez dias extras e promulgando então uma nova regra para os anos bissextos, capaz de prevenir inexatidões futuras de alguma monta: proclamemos um ano bissexto a cada quatro anos, à exceção de três em cada quatro viradas de século, e instituamos essa regra preservando o ano bissexto em anos de transição secular divisíveis por 400. Essa regra gregoriana tem conseqüências interessantes para o ano 2000. Que ocasião especial, e que privilégio para todos nós! Não apenas testemunharemos uma passagem de milênio, mas também viveremos um daqueles raros anos que só vêm a cada quatro séculos — uma virada de século com direito a um 29 de fevereiro. Sim, o ano 2000 será um ano bissexto, e nossa vida ganhará o bônus especial de um dia que só vem a cada quatrocentos anos. Façamos bom uso dele!

Uma última nota ao tema das correções gregorianas: essa regra explica por que Rossini só teria 48 anos após duzentos anos cronológicos (1800 e 1900 não foram anos bissextos, de modo que ele não fez aniversário) e por que a pobre Mabel terá de esperar quatro anos mais até a maioridade de Frederick (1900 não foi um ano bissexto).

Assim dita a astronomia, mas temos também de lidar com os empecilhos da História e da xenofobia humanas. O calendário reformado de Gregório foi rapidamente adotado por todo o mundo católico. Mas na Inglaterra essa algazarra toda deve ter soado como mais uma conspiração papista, e os ilhéus fariam tudo, menos aderir! De modo que a Inglaterra manteve o calendário juliano até 1752, quando finalmente sucumbiu à razão e à conveniência prática — mas por então um outro dia extra já se somara aos dez outros, e o Parlamento teve de descartar onze dias (3 a 13 de setembro de 1752) a fim de instituir sua reforma gregoriana atrasada.

Quando se conhece essa história, algumas singularidades da nossa cronologia comum ganham uma explicação fácil (são trivialidades, mas das mais irritantes quando não se conhece sua origem). O aniversário de George Washington, por exemplo: as fontes coloniais costumam citar 11 de fevereiro de 1731, no lugar de 22 de fevereiro de 1732, data que costumávamos celebrar antes que todos os nossos feriados públicos fossem transferidos para a segunda-feira e que tirássemos a média entre Lincoln e Washington por meio de um único Dia dos Presidentes. Em sua condição de colônia inglesa, a América do Norte ainda usava o calendário juliano quando do nascimento de Washington; os onze dias ainda não tinham sido descartados (de modo que o 22 de fevereiro gregoriano ainda figurava como o 11 de fevereiro juliano) e, além disso, o ano juliano começava em março (ao menos na Inglaterra), de modo que Washington nascera no ano "anterior".

De modo semelhante, muita gente costumava estranhar a celebração soviética da "Revolução de Outubro" em pleno novembro — lembram-se daqueles tanques em parada pela Praça Vermelha, com o Politburo no palanque? A Rússia só adotou o calendário gregoriano em 1918, quando os secularistas derrubaram a ortodoxia. De modo que a revolução de outubro (juliano) na verdade ocorreu em novembro (gregoriano) — outra vez aqueles dias extras! Por fim, uma vez que o inimigo interno é sempre mais perigoso que o externo, a Igreja ortodoxa ainda não aceitou o calendário gregoriano — um complô romano, sem dúvida! O calendário juliano ainda vive, mas "há um tempo para as coisas humanas...".*

O problemático descompasso entre o ano solar e o ano lunar

O dia e o ano solar não se sincronizam por pouco menos que um quarto de dia, e vejam só o problema que isso causa! Quando nos voltamos para a Lua, a situação se deteriora e, na verdade, dificilmente poderia ser pior.

A Lua leva 29 dias e meio para dar a volta em torno da Terra (29,53059 dias, mais precisamente), o que confere ao mês natural uma fracionalidade horrenda quando computada em dias ou expressa em anos. Por conseguinte, não pode haver um ciclo de lunações que se aproxime do ano solar — a melhor aproxima-

(*) Shakespeare, *Júlio César*. (N. T.)

ção possível é de doze lunações = 354 dias inteiros (354,36706, novamente para maior precisão), faltando quase onze dias para perfazer o ano solar.

Essa discrepância não faria diferença se algumas sociedades complexas não precisassem conciliar o ano lunar ao ano solar. Infeliz e inexoravelmente, é justamente isso que acontece, pelas duas razões que vêm circulando por este ensaio. Em primeiro lugar, a conveniência prática o exige (pois ambos os ciclos são eminente e diversamente úteis); em segundo lugar, a razão o quer (pois somos, para bem ou para mal, criaturas conscientes, intrigadas com nosso ambiente; como poderíamos observar as fases cíclicas da Lua sem meditar sobre sua regularidade e sua correlação com os outros grandes ciclos?). Não temos escolha!

Muitas sociedades complexas ao longo da História humana, notadamente a China imperial, o Judaísmo e o Islã, usaram um calendário predominantemente lunar — ao mesmo tempo que foram forçadas a reconciliá-lo ao ano solar. Como fazê-lo? Em primeiro lugar, os meses lunares não podem ter dias fracionários, de modo que se pode resolver o problema dos 29 dias e meio atribuindo 29 dias a alguns meses ("defectivos" ou "vazios") e trinta dias a outros ("cheios") — perfazendo assim um ano lunar de 354 dias. Mas o que fazer com o déficit de onze dias?

Todas as sociedades com calendários lunares tiveram de enfrentar essa questão, e todas elas descobriram alguma variante do assim chamado ciclo metônico — mais uma daquelas regras práticas disfarçadas de declaração de princípios. Quando se opera nessa escala grosseira de meses de 29 ou trinta dias, a correção mais simples consiste em adicionar uma lunação extra — um "mês bissexto", digamos — para perfazer um ano longo de treze meses lunares ou 384 dias sempre que o acúmulo de déficits se torne preocupante.

Batizado em honra a Méton, astrônomo ateniense do século V a.C., o ciclo metônico (que já fora descoberto antes e independentemente na China e na Babilônia, de onde passara para o calendário judaico) identifica a menor seqüência possível de anos capaz de alinhar quase perfeitamente os calendários lunar e solar. O ciclo metônico dura dezenove anos e exige a inserção de um mês bissexto em sete desses dezenove anos. Na verdade, a versão original de Méton ocasionava uma discrepância de cinco dias para cada dezenove anos, mas esse problema menor podia ser resolvido com vários tipos de soluções *ad hoc*, como a adição de um dia extra a cinco desses meses bissextos. O ciclo metônico pode parecer grosseiro ou arbitrário, mas ele funciona, e não há saída mais simples. Assim, quase todos os calendários lunares seguem esse sistema de inserção de meses bissextos em sete de cada dezenove anos. O calendário judaico moderno, por exemplo, intercala um décimo terceiro mês de trinta dias no terceiro, sexto, oitavo, décimo primeiro, décimo quarto, décimo sétimo e décimo oitavo anos de cada ciclo metônico.

Assim como no caso da reforma gregoriana e do aniversário de Washington, a compreensão dessas complexidades cronométricas ajuda-nos a entender alguns aspectos curiosos da vida cotidiana, que de outro modo seguiriam sendo confusões irritantes em meio a nossas centenas de preocupações mesquinhas, o tipo de coisa que suscita reações aflitas: "Por que diabos isso funciona assim? Tenho que ver isso algum dia!". E é claro que nunca veremos...

Por exemplo, quem nunca se perguntou por que, em dezembro, a festa judaica de Chanuká vai retrocedendo em até dez dias? E quando se espera que a festa pule para novembro, ela subitamente salta para o fim de dezembro, para depois do Natal! A culpa é do ciclo metônico. Comparadas às datas gregorianas, as datas judaicas retrocedem nos anos lunares curtos (de 354 dias) e avançam nos anos longos (de 384 dias), que ganham um mês bissexto.

Por outro lado, talvez algum leitor já tenha notado que o Ramadã sempre retrocede no calendário gregoriano e pode assim ocorrer em qualquer parte do ano solar. O calendário islâmico é lunar, mas não incorpora a correção metônica. Os déficits não param de se acumular, e qualquer data islâmica fixa irá sempre retroceder no calendário gregoriano.

Ao longo da História cristã, a necessidade de conciliar ciclos lunares e solares teve por foco o mais complexo e vexatório dos problemas cronométricos: o cálculo da Páscoa. Livros inteiros — não, bibliotecas inteiras — foram escritos a respeito, e grandes estudiosos devotaram a vida à formulação de regras e procedimentos para calcular o dia certo. Não vou nem mesmo começar a discutir os detalhes; limito-me a dizer, como resumo desta seção (pois a Páscoa é o epítome de todos os problemas que discutimos), que a Páscoa é mais problemática do que qualquer outro dia ou festividade porque sua definição inclui elementos lunares e solares, de modo que sua data não poderá ser determinada enquanto não soubermos conciliar os grandes ciclos cósmicos, todos eles lamentavelmente fracionários. Pois a Páscoa cai no domingo seguinte à primeira lua cheia (componente lunar) depois do equinócio de primavera (contribuição solar).

Um epílogo

Sempre adorei essas questões cronométricas porque elas põem a nu, e com nitidez reveladora, todas as nossas fraquezas humanas. Onde mais poderíamos perceber tão vividamente uma combinação das peças que a natureza renitente nos prega, e todas as barreiras que o hábito e a emoção antepõem à realização de nosso desejo de compreensão? Em outras palavras, onde mais poderíamos perceber os obstáculos internos e externos a nosso desejo de conhecimento? Ao menos seguimos tentando, e acabamos chegando a algum lugar.

Acho que amo ainda mais a humanidade quando nosso desejo de saber transcende a mera vantagem prática — coisa de intelectual, suponho. Sociedades que pescam e plantam precisam conciliar os ciclos incomensuráveis de anos e lunações. Uma vez que a natureza não permite nenhuma correlação simples e exata, foi necessário conceber esse desajeitado e barroco ciclo metônico. E essa conquista de várias sociedades isoladas não merece senão o nome de heróica.

Sei prestar honras a essa necessidade de conhecimento funcional e a seu papel como força motriz da História humana. Mas quando Og olhou para fora de sua caverna e levantou a vista para os céus, perguntando-se por que a Lua tinha fases, não o fez porque essa informação poderia melhorar sua colheita de moluscos na praia vizinha, mas porque desejava resolver um mistério, porque sentia, confusamente ainda, que por trás do padrão aparente devia haver algo assim como uma ordem recorrente, bela em si mesma — e foi então que as questões cronométricas se tornaram sublimes, e a humanidade também.

Se pensarmos que a paixão milenarista em especial e o fascínio cronométrico em geral derivam do prazer da ordem e da alegria da compreensão, então esse assunto estranho e menor — tantas vezes visto como domínio de desocupados e excêntricos, não de grandes pensadores — torna-se um microcosmo de tudo aquilo que torna os seres humanos tão distintos, tão potencialmente nobres, e volta e meia muito engraçados. Sócrates e Charlie Chaplin atingiram graus comparáveis de grandeza humana.

Odeio terminar um ensaio com esse tipo de generalidades verborrágicas, com esse arremedo risível de lirismo — permitam-me então concluir com uma pequena história sobre uma pessoa comum que fez algo de heróico no domínio da cronometria e que adora o milênio de todo o coração. Sua história pertence a um gênero clássico nos anais da cronometria, o *cálculo de datas*, tema sem rivais e por isso clássico quando se trata de ilustrar a interação de fraquezas humanas e deslizes divinos: uma tarefa difícil tanto porque *nós* optamos por certas definições quanto porque a *natureza* tornou as coisas ainda mais difíceis ao ordenar os ciclos cósmicos de dias e anos tão pobre e irracionalmente.

O Rei Pirata, na fábula de Gilbert e Sullivan sobre anos bissextos, começa a explicar o dilema cronométrico de Frederick nos seguintes termos: "Por algum motivo ridículo, ao qual entretanto não tenho a intenção de ser desleal...". Sinto-me exatamente assim diante do cálculo de datas. Por algum motivo ridículo e arbitrário, nossa cultura decidiu agrupar os dias em grupos de sete, as semanas — unidade sem nenhuma correspondência a qualquer ciclo natural. Como o ano dura 365 dias, terminamos com 52 semanas por ano — mais um maldito dia extra.

Se o ano tivesse um número inteiro de semanas (deixando de lado, por enquanto, os anos bissextos), não teríamos necessidade de um cálculo de datas, pois todas as datas ao longo do ano cairiam sempre num mesmo dia da semana. Mas nós dificultamos desnecessariamente as coisas com nosso ano de tantas semanas mais um dia — pois agora o dia da semana deve mudar para todas as datas. Uma data que cai numa terça-feira em 1997 deve pular para uma quarta-feira em 1998, para uma quinta-feira em 1999 e assim por diante (logo chegaremos àqueles anos bissextos).

Nada disso teria a mínima importância — se ao menos não nos incomodasse. Não me perguntem por que, mas temos um interesse insólito no dia da semana em que nosso aniversário (ou qualquer outra data importante para nós) caiu em anos pregressos (coisa simples de resolver com um calendário). Em nossa cultura, temos interesse especial pelo dia da semana em que nascemos. Pergunte-se a qualquer pessoa se ela sabe o dia da semana em que nasceu (a maior parte não sabe), e ela logo desenterrará algum versinho de pé-quebrado de sua memória infantil: *Monday's child is fair of face, Tuesday's child is full of grace...* (acreditem, não estou conjeturando ou inventando; como verão, estou falando a partir da experiência empírica de quem já assistiu à cena dúzias de vezes; de resto, nasci numa quarta-feira, e *Wednesday's child is full of woe.*(*))

O cálculo de datas poderia ser resolvido com relativa facilidade se a única dificuldade fosse aquela definição inconveniente — e a conseqüente necessidade de adicionar um dia para completar um ano. Qualquer um poderia ver o dia da semana correspondente no calendário do ano em curso, contar o intervalo de anos entre o ano corrente e qualquer outro ano de interesse, dividi-lo por sete e subtrair o resto daquele primeiro dia da semana.

Mas a natureza intervém para introduzir uma dificuldade adicional com base no número fracionário de dias do ano solar e na necessidade decorrente de designar anos bissextos. O ano contém 52 semanas mais um dia — com exceção dos anos bissextos, que

(*) Aproximadamente: "O filho da segunda é belo de faces, o filho da terça é cheio de graça, o filho da quarta nasceu para a desgraça etc.". (N. T.)

contêm 52 semanas e dois dias extras. Sendo assim, a fim de determinar o dia da semana de qualquer data no passado (ou no futuro), é preciso começar por localizar essa data no calendário do ano corrente. Em seguida, dois cálculos são necessários: em primeiro lugar, há de se levar em conta as *fraquezas humanas* e fazer a correção relativa a um dia extra por ano, já que o ano tem 52 semanas mais um dia; em segundo lugar, há de reconhecer as *complexidades da natureza* e fazer uma nova correção, relativa agora ao dia extra acrescentado em anos bissextos (sem esquecer, para cálculos de datas em outros séculos, a regra gregoriana de omissão dos anos bissextos que coincidem com viradas de século indivisíveis por 400).

O procedimento torna-se então bastante complexo — e esse exercício de determinação do dia da semana para datas em anos distantes, com a rapidez necessária para manter vivo o interesse próprio e alheio, atende pelo nome de "cálculo de datas". O tema gerou uma literatura surpreendentemente grande e erudita. Algumas pessoas são calculadores prodigiosos, capazes de determinar sem erro o dia da semana de qualquer data em qualquer ano, saltando entre séculos e milênios com aparente facilidade.

Um ponto comum a toda essa literatura é que alguns dos mais famosos e eficientes calculadores de datas padeciam de autismo ou retardamento mental, pessoas cujas capacidades e êxitos mentais eram tão limitados que ninguém consegue imaginar como eles chegaram a desenvolver uma habilidade tão singular, complexa e arcana. O que poderia ser mais maravilhoso, mágico ou mesmo milagroso? O cálculo de dias já parece bem difícil para o comum dos mortais — como alguém com limitações tão grandes poderia ser capaz de manejar uma coisa dessas? O que seu êxito pode ensinar-nos sobre a inteligência humana — para não falar da coragem humana? Minha última seção conta a história de uma dessas pessoas.

Parte 2

CINCO SEMANAS

Ao exaltar o elo que une todas as coisas, os poetas afirmaram que a queda da pétala de uma flor chega a perturbar as estrelas distantes. Sejamos gratos por essa integração universal não ser tão completa, pois jamais chegaríamos a existir num cosmos de vínculos tão intrincados.

Georges Cuvier, o maior naturalista francês do século XIX, sugeria que a evolução não podia existir porque as partes de cada corpo vivo exibem integração ímpar. Se uma parte mudasse, absolutamente todas as outras teriam de se alterar de modo correspondente, de modo a produzir uma configuração nova mas igualmente elegante para a forma de vida nascente. Uma vez que não cabe imaginar tal escala de mudanças em todas as partes, todas elas voltadas para uma nova correlação ótima, devemos concluir que os organismos não evoluem.

Metade do argumento de Cuvier tem sua razão de ser. Se a evolução exigisse tal tipo de alteração integral, um processo assim bem poderia ser impossível. Mas as partes dos corpos vivos são em grande medida modulares e dissociáveis. Alpha Centauri (para não falar de estrelas mais distantes) não dá a mínima quando alguma menininha começa a arrancar as pétalas de uma margarida — bem me quer, mal me quer... E mesmo que os ossos do pé estejam conectados ao osso da canela, a evolução pode mudar o número de listras na concha de um caramujo sem alterar o número de dentes em sua rádula (mandíbula).

As funções do cérebro e a inteligência humana em geral também tendem a ser modulares e dissociáveis. Não há um fator geral ou uma medida unitária para a "inteligência geral" escondidos no cérebro, capazes de classificar as pessoas de acordo com uma certa herança definível, medida por um número chamado de QI (ver minha crítica a essa posição em meu livro *The mismeasure of man* [*A falsa medida do homem*]). Ao contrário: "inteligência" é um termo vernáculo que aplicamos a um grande conjunto de atributos mentais relativamente independentes que constituem, uma vez reunidos, isso que chamamos de "mente".

A melhor e mais clássica ilustração da independência relativa dos atributos mentais encontra-se no fenômeno espantoso daquelas pessoas outrora rotuladas de modo espantosamente insensível como *idiots savants* — isto é, retardados mentais com uma habilidade muito precisa, dissociável e definível, desenvolvida num grau que já seria de surpreender numa pessoa de inteligência normal, mas que parece simplesmente miraculoso numa pessoa de resto tão limitada. Alguns *savants* podem fazer cálculos relâmpagos, multiplicando e dividindo longas fileiras de números instantânea e precisamente, ao mesmo tempo que são incapazes de dar o troco de um dólar ou de sequer entender de que se trata (Dustin Hoffman desempenhou um papel assim com grande sensibilidade em *Rain man*). Outros são capazes de fazer desenhos detalhistas de cenas complexas que contemplaram uma única vez e por um instante fugaz — mas são incapazes de ler, escrever ou falar.

Essas pessoas nos fascinam por duas razões muito diversas. Ficamos boquiabertos porque são seres incomuns, e os extremos nos fascinam (o maior, o mais corajoso, o mais feio, o mais brilhante). Não precisamos ter vergonha dessa tendência tão quintessencialmente humana. Mas os *savants* também se impõem à nossa atenção porque pressentimos que podem ensinar-nos algo de interessante sobre a natureza da inteligência normal — pois muitas vezes aprendemos mais sobre a média ao entendermos as razões de um desvio extremo.

Há duas interpretações predominantes do fenômeno dos *savants*; ambas são simples demais, e ambas provavelmente estão erradas, mas mesmo assim representam um primeiro passo rumo à formulação do problema. Essas pessoas adquirem suas habilidades extraordinárias porque descobriram uma coisa que conseguem fazer, e a partir de então esforçam-se dura e persistentemente para desenvolvê-las? Nesse caso, qualquer um de nós possivelmente poderia adquirir a habilidade do *savant*, contanto que optasse por devotar tanto tempo a uma única operação mental. Dessa perspectiva, o cérebro do *savant* não difere do nosso naquele módulo voltado para essa habilidade hipertrofiada, e portanto o fenômeno ensina algo sobre a natureza da dedicação.

Ou será que essas pessoas desenvolvem sua habilidade porque as deficiências numa parte da estrutura do cérebro são equilibradas pelo desenvolvimento incomum de outra? Nesse caso, a maioria de nós não conseguiria desenvolver a habilidade de *savant*, por mais que optássemos por uma devoção encarniçada a essa única atividade. Nessa alternativa, o cérebro do *savant* pode bem diferir do nosso naquele módulo que regula essa atividade específica, e o estudo do fenômeno pode ensinar alguma coisa sobre a natureza física da mente.

Seja como for, o cálculo de datas representa uma das mais famosas e freqüentes habilidades ímpares — ou *splinter skills* —, e aparece em muitos *savants*. O tema gerou boa quantidade de estudos, bem resumidos em dois livros recentes: Steven B. Smith, *The great mental calculators* (Columbia University Press, 1983) e Darold A. Treffert, *Extraordinary people: understanding "idiots savants"* (Harper and Row, 1989). Uma questão óbvia tem dominado a literatura sobre o cálculo de datas por autistas e retardados mentais: como eles fazem o cálculo?

A abordagem mais óbvia — perguntar a um *savant* como ele faz seus cálculos de data — não funciona. Poucos de nós somos capazes de dar explicações decentes de como fazemos as coisas em que somos bons, pois nossos êxitos mais insólitos parecem automáticos aos nossos olhos; ídolos esportivos são sabidamente incapazes de descrever suas habilidades extraordinárias: "Bem, humm, sabe como é, fiquei de olho na bola e..."; intelectuais não costumam sair-se melhor quando tentam elucidar seus feitos literários ou matemáticos: "Bem, humm, tive um sonho, e vi aquelas seis cobras...". Quando porventura sabem falar, os *savants* tendem a dizer "Eu simplesmente faço" — e poucos de nós iríamos muito além disso.

A literatura a respeito tem observado dois modos básicos, se bem que com resultados tipicamente inconclusivos, que ilustram a costumeira variedade de motivos por trás dos feitos humanos. Em outras palavras: alguns *savants* fazem de um jeito, outros fazem de outro, outros combinam os dois modos, e há os que fazem de modo ainda indeterminado. Alguns *savants* têm uma capacidade de memorização extraordinária, genuinamente eidética. Um calculador pode então simplesmente decorar os calendários de certo número de anos e ler o dia da semana para qualquer data diretamente em sua memória. Alternativamente, um *savant* pode desenvolver um algoritmo ou regra de cálculo, e então aplicá-lo com tanta freqüência, e com tamanha concentração e dedicação que o cálculo se torna extremamente rápido e "natural"; a certa altura, o procedimento começa a parecer automático.

Alguns calculadores *savants* de fato usam tão-somente a memória — e esse método pode ser identificado porque seus praticantes tendem a memorizar um número limitado de calendários. Um *savant* que consegue calcular datas entre, digamos, 1980 e 2020 — mas não sabe como proceder para datas em anos anteriores ou posteriores — provavelmente memorizou quarenta calendários (o que é fácil de averiguar consultando sua estante de livros ou perguntando-lhe se possui um calendário perpétuo para certo número de anos).

Mas muitos calculadores *savants*, entre os quais o rapaz que vou apresentar aqui, usam algoritmos de sua própria invenção. Alguns deles, incluindo meu conhecido, conseguem calcular sem esforço e quase instantaneamente, às vezes saltando milhares de anos para a frente e para trás, e sem diferença aparente entre o tempo necessário para calcular uma data há dois ou há duzentos anos do presente. A hipótese de que alguns *savants* usam algoritmos ainda deixa intocados dois mistérios complexos — que igualmente ocupam lugar de destaque na literatura. Em primeiro lugar, o cálculo de datas (conforme mostrei na seção anterior) é um processo binário. Deve-se começar por saber o dia da semana desejado em algum ano de referência — em geral o ano corrente, tabulado num calendário. Em seguida, pode-se aplicar o algoritmo que calcula a diferença entre o ano de referência e o ano em questão. Isso quer dizer que, por melhor que seja o algoritmo, ainda é necessário introduzir algumas referências básicas na memória. É claro que seria possível começar o cálculo simplesmente localizando o dia da semana do ano corrente num calendário portátil — mas nenhum calculador que se preze lançaria mão de uma bengala desse tipo.

Em segundo lugar, os melhores calculadores algorítmicos, incluindo meu conhecido, fazem seus cálculos rápido demais para que tenham consciência de estarem usando um algoritmo. Num exemplo marcante, certa vez um estudante de pós-graduação que estudava George e Charles, os famosos gêmeos matemáticos e prodigiosos calculadores de datas (descritos de modo tão brilhante e comovente por Oliver Sacks em um dos capítulos de *O homem que confundiu sua mulher com um chapéu*), decidiu igualar-se a eles em sua habilidade calculatória, aplicando seu método com a mesma obstinação manifesta em tantos *savants*. Descobriu que podia fazer os cálculos, mas demorou muito a alcançar a velocidade dos gêmeos. Finalmente, e de um modo que ele jamais chegou a descrever com precisão, a técnica simplesmente "disparava" de modo automático. O estudante pôde então igualar-se aos gêmeos. O livro de Darold Treffert cita um relatório do dr. Bernard Rimland a propósito desse caso:

> Langdon praticou noite e dia, tentando desenvolver um grau elevado de proficiência [...]. Mas apesar dos treinos exaustivos, demorou muito a aproximar-se da velocidade dos gêmeos. E então, subitamente, percebeu que podia empatar com eles. Para surpresa de Langdon, seu cérebro de alguma maneira automatizara os cálculos complexos, absorvera a tábua a ser memorizada, e de modo tão eficiente que agora o cálculo de datas lhe parecia natural; não precisava mais ocupar-se conscientemente de cada uma das várias operações.

O rapaz que eu conheço, provavelmente um dos melhores calculadores do país hoje em dia, é autista e tem limitações cognitivas severas. Suas habilidades lingüísticas são boas, mas sua compreensão da intencionalidade alheia e da causalidade emocional é virtualmente igual a zero. É capaz de entender a causalidade física elementar, e sabe que um objeto largado cairá no chão ou que uma bola arremessada golpeará a parede, mas não sabe ler as motivações humanas ou as razões "internas" por trás das ações humanas. Não consegue entender a mais simples das histórias num livro ou num filme. Sabe jogar cartas, no sentido de que é capaz de aprender a seguir regras mecanicamente, mas não faz idéia do motivo que leva as pessoas a se dedicarem a tal atividade, e jamais sequer intuiu os conceitos de "ponto", "vitória" ou "derrota".

Os humanos são, pronunciadamente, seres contadores de histórias. Organizamos o mundo como um conjunto de histórias. Como então alguém assim poderia entender o sentido de um ambiente tão confuso, se não consegue compreender histórias ou inferir intenções alheias? Nos anais do heroísmo humano, não conheço tema tão enobrecedor quanto as compensações que as pessoas descobrem e implementam quando os infortúnios da vida as privam dos atributos básicos de nossa natureza comum.

Parece relativamente fácil entender como os deficientes físicos se saem desse aperto, mas raramente pensamos nos esforços semelhantes dos deficientes mentais. Todos nós precisamos dar ordem à confusão buliçosa e exuberante do mundo exterior e, se não podemos entender histórias, temos de dar algum outro jeito. Esse rapaz esforçou-se ao longo de toda a sua vida para encontrar regularidades que pudessem dar lastro e sentido à cacofonia circundante. Muitos de seus esforços acabaram em becos sem saída ou simples quimeras.

Uma vez que se dá tão mal na leitura de faces, passou anos à procura de uma dica adicional no timbre ou na altura das vozes. Agudo significa alegria? Alto significa raiva? Ouvia o mesmo disco em rotações diferentes, convertendo Paul Robeson a 33 rpm numa voz feminina a 78 rpm, sempre na esperança (ou assim eu supunha) de inferir alguma regra, algum guia para suas ações. Não teve êxito, mas continua tentando. Quando era bem jovem, desenvolveu algumas habilidades matemáticas e colocou-as imediatamente em uso. Cronometrava todos os seus discos em 33 rpm, tentando encontrar alguma regra que correlacionasse o tipo de música e a duração da gravação. Não chegou a lugar algum e acabou por desistir.

Por fim, encontrou seu campo de trabalho — a cronologia. Se não se pode entender uma história, qual a próxima opção em termos de critério geral de organização? A seqüência linear do tempo! Pode-se não saber por que, ou como, ou se, ou o quê, mas ao menos se podem ordenar todos os itens numa série temporal, deixando de lado suas conexões causais — isto veio antes disso, e isso antes daquilo, e aquilo antes daquilo mais... Era o triunfo! Esse rapaz consegue dizer o que lhe aconteceu em cada um dos dias de seus últimos vinte anos de vida. Uma vez que não faz os mesmos juízos de importância que nós, o evento que ele rememora pode parecer trivial, de modo que não o recordamos nem podemos aferir sua precisão: "Naquele dia, Michael Ianuzzi disse 'Uau!'". Mas quando podemos checar vemos que ele não erra nunca: "Em 4 de julho de 1981 nós assistimos aos fogos de artifício no rio Charles".

Acho que sei por que ele começou a se interessar pelo cálculo de datas. O uso de seqüências temporais se tornara a pedra de toque para a organização de sua vida. E o que poderia ser mais absorvente — e talvez mais crucial, em algum sentido oculto — que essa interessante mudança dos dias da semana para as datas em anos diferentes? Devia haver alguma regra por trás disso. Mas qual? E assim ele se esforçou até descobri-la. Pude observar sua habilidade crescente, mas nunca descobri como ele fazia os cálculos.

Se alguém quisesse destacar-se com alguma *splinter skill*, não consigo imaginar nada melhor que o cálculo de datas. Muita gente se interessa em saber o dia da semana em que nasceu, mas esse não é um tipo de informação fácil de obter. Não adianta consultar uma enciclopédia ou um calendário. O leitor provavelmente não a sabe, a não ser que sua mãe ainda se lembre. Para descobri-la, é preciso fazer o cálculo de datas, e a maioria das pessoas não sabe fazê-lo.

Esse rapaz torna-se assim um recurso sem par. Já o vi agir como os melhores políticos. Começa de um lado da sala e vai fazendo a todos a mesma pergunta: "Em que dia você nasceu, e em que ano?". Seu interlocutor diz "10 de setembro de 1941", ou seja lá o que for, e o rapaz retruca sem um segundo de hesitação, numa cadência peculiar, bem conhecida de seus amigos e conhecidos: "Uma quarta-feira". Jamais se engana. Meia hora mais tarde, vejo-o no outro extremo da sala. Fez o circuito completo com a segurança de um diplomata — mas despertando bem mais interesse genuíno. A reação é também muito gratificante para ele — pois todos querem saber e todos lhe são genuinamente gratos. Sua habilidade parece inescrutável e espantosa — e eles o dizem. Uma dose de afagos sempre cai bem, especialmente para um rapaz que se esforçou tanto para compreender a confusão a seu redor e tantas vezes fracassou.

Eu sempre soube quanto sua habilidade formidável significava para ele, mas ansiava por saber também como ele conseguia fazer aquilo — mas ele jamais conseguiu dizer-me. Consegui deduzir apenas algumas partes. Sabia que ele trabalhava com algoritmos, usando o calendário do ano corrente (que ele conhece de trás para a frente, e ao que parece de modo eidético) como referência e ponto de partida. Ele conhecia as regras gregorianas para anos bissextos e portanto sabia estender instantaneamente seus cálculos para quaisquer séculos ou milênios. Mas qual algoritmo ele usava?

Ele percebera os dois componentes do problema — como devem fazer todos os calculadores, afinal de contas. Ele sabia que o ano comum tem 52 semanas mais um dia, e que portanto os dias da semana para uma certa data avançam ao ritmo de um por ano — a terça-feira para uma certa data deste ano torna-se uma quarta-feira no ano que vem. Ele também sabia que uma correção suplementar é necessária nos anos bissextos. Mas como ele conjugava essas duas correções? Qual regra ele concebera? Eu estava num impasse.

Falei então com um produtor da TV inglesa que rodara um programa sobre *savants*. Ele me disse: "Pergunte-lhe se há algo de especial com o número 28. Todos os calculadores *savants* que encontrei tinham descoberto essa regra". Mas eu mesmo não conhecia a regra, então lhe perguntei o que havia de especial com o 28. "Você não sabe? O calendário tem um ciclo de repetição de 28 anos. O calendário deste ano é exatamente igual ao de 28 anos atrás."

Imediatamente percebi o porquê — e o percebi como qualquer cientista com um mínimo de matemática teria feito. Era óbvio. Dois ciclos operam simultaneamente para causar as mudanças de dias da semana. Em primeiro lugar, um ciclo de sete anos baseado no avanço de um dia a cada ano — de modo que, passados sete anos (ignorando os anos bissextos), o calendário retorna ao início do percurso, e um 10 de julho numa quarta-feira torna-se novamente um 10 de julho numa quarta-feira. Em segundo lugar, um ciclo de quatro anos baseado na adição de um dia a cada ano bissexto, isto é, a cada quatro anos. Só precisei desenterrar uma regra de cálculo dos meus dias de escola: se dois ciclos operam conjuntamente, o múltiplo de seus períodos fornece o tempo do ciclo de repetição. Sete vezes quatro é igual a 28. O calendário deve então funcionar com um ciclo de repetição de 28 anos — e esse ciclo torna-se obviamente a chave para simplificar o cálculo de datas. Se já se conhece o calendário do ano corrente, e se esse calendário vale para 28 anos atrás, então 1998 é a mesma coisa que 1970; já sabemos que as datas de 1999 estarão um dia da semana à frente, e 1971 é a mesma coisa que 1999 — e assim por diante.

Consegui chegar ao resultado com um pouco de aritmética elementar, mas meu amigo autista não podia ter seguido por esse caminho. Eu estava ansioso para saber se ele conhecia a regra do 28. Teria eu encontrado a chave para seu algoritmo? Perguntei-lhe então: "Existe algo de especial com o número 28 quando você calcula o dia da semana para datas de anos diferentes?". E ele me deu a resposta mais bonita que já ouvi, ainda que eu não tenha entendido patavina no começo. Ele disse: "Sim... cinco semanas".

Fiquei completamente pasmo. Era óbvio que ele não me compreendera e que sua resposta não fazia sentido. Perguntei de novo: "Existe algo de especial com o número 28 quando você calcula o dia da semana para datas de anos diferentes?". E ele replicou sem hesitação: "Sim... cinco semanas".

Entendi tudo num lampejo algumas horas depois, e a solução era tão bonita que comecei a chorar. Ele não podia usar nem sequer entender minha regra aritmética, que envolvia a multiplicação de dois ciclos diferentes. Só sabia trabalhar contando dias concretos, um atrás do outro. Ele imaginara o seguinte princípio, pensando da única maneira de que é capaz, isto é, concretamente: um ano contém 52 semanas mais alguns dias extras — um dia extra nos anos comuns, dois dias extras nos anos bissextos. Quando o número total de dias extras for divisível por sete, então o calendário para esse ano é igual ao calendário do ano corrente (o procedimento funciona com a subtração de dias para anos pregressos e com a adição de dias para anos futuros). Se eu puder determinar o período mínimo para o qual o número de dias adicionados é sempre o mesmo e sempre divisível por sete, então o calendário deverá repetir-se e eu terei minha regra.

Então ele começou a contar concretamente o número de dias adicionados, um por um, ano após ano. Períodos de até 28 anos não podiam funcionar porque o número de anos bissextos é variável; assim, por exemplo, um período de treze anos pode ter quatro anos bissextos (1960-1972) ou três anos bissextos (1961-1973). Mas quando se chega a 28 anos — e nunca antes disso —, tudo funciona perfeitamente. Qualquer período de 28 anos, pouco importa em que ano comece ou termine, contém exatamente sete anos bissextos. Estou deixando de lado a regra gregoriana de omissão dos anos bissextos na maioria das viradas de século; como sabem todos os calculadores de datas, essa situação exige uma correção especial, e é necessário levá-la em conta separadamente. Um período de 28 anos também inclui exatamente 28 dias extras, em conseqüência da regra de avanço de um dia por ano. Assim, todo intervalo de 28 anos acrescenta 35 dias — nem mais, nem menos: um dia para cada um dos 28 anos, mais sete para o número invariável de anos bissextos. Como 35 é divisível por sete, o calendário deve repetir-se a cada 28 anos.

Eu finalmente entendera como trabalhava esse calculador rematado. Ele adicionara concretamente os dias extras, com o único método mental à sua disposição. Não podia usar minha regra mecânica, memorizada nos tempos de escola — ainda não sei por que ela funciona —, e multiplicar os períodos dos ciclos conjugados. Ele adicionara laboriosamente seus dias extras até chegar a 28 anos — primeiro período cujo número de dias extras é exatamente divisível por sete. Vinte e oito anos fornecem 35 dias extras, e 35 dias extras perfazem cinco semanas. Como se vê, ele *tinha dado* a resposta correta à minha questão — mas eu não o compreendera de início. Eu havia perguntado: "Existe algo de especial com o número 28 quando você calcula o dia da semana para datas de anos diferentes?", e ele respondera: "Sim... cinco semanas".

Que todos nós possamos fazer o melhor uso de nossas habilidades especiais, sejam lá quais forem e por limitadas que sejam, na empresa de extrair sentido deste mundo maravilhoso e do pequeno papel que desempenhamos na história da vida. Mas, para dizer a verdade, não citei por inteiro sua bela resposta. Ele me disse: "Sim, papai, cinco semanas". Seu nome é Jesse. É meu filho primogênito, e sinto muito orgulho dele.

CRÉDITOS DAS ILUSTRAÇÕES

1. A bocarra do inferno é trancada por um anjo, do *Saltério de Henry de Bloise, bispo de Winchester* (século XII), manuscrito com iluminuras. British Library, Londres, Grã-Bretanha. Cortesia de Bridgeman/Art Resource, Nova York.
2 *Pecadores no inferno, juízo final* (*c.* 1240), alto-relevo anônimo. Mainz, Alemanha. Cortesia de Foto Marburg/Art Resource, Nova York.
3. *Apocalipse de são João: Babilônia cai em poder dos demônios* (1363-1400), tapeçaria de Nicolas Bataille. Musée des Tapisseries, Angers, França. Cortesia de Giraudon/Art Resource, Nova York.
4. Detalhe de *O juízo final* (1432-5), Fra Angelico. Galleria d'Arte Moderna, Florença, Itália. Cortesia de Alinari/Art Resource, Nova York.
5. *O juízo final* (século XIV), anônimo de Bolonha. Pinacoteca Nazionale, Bolonha, Itália. Cortesia de Scala/Art Resource, Nova York.

6. Detalhe de *O juízo final* (1443), painel central do tríptico de Rogier van der Weyden. Hôtel-Dieu, Beaune, França. Cortesia de Giraudon/Art Resource, Nova York.
7. *Abertura do Quinto e do Sexto Selos, distribuição dos hábitos brancos entre os mártires e queda das estrelas* (1948), xilogravura de Albrecht Dürer sobre o *Apocalipse de são João*. Cortesia de Giraudon/Art Resource, Nova York.
8. *Condenados no inferno* (1499-1500), afresco de Luca Signorelli. Catedral de Orvieto, Capela de San Brizio. Cortesia de Alinari/Art Resource, Nova York.
9. Detalhe de *Condenados no inferno* (1499-1500), afresco de Luca Signorelli. Catedral de Orvieto, Capela de San Brizio. Cortesia de Alinari/Art Resource, Nova York.
10. Detalhe de *O juízo final* (1536-41), Michelangelo Buonarroti. Capela Sistina, Praça do Vaticano, Vaticano. Cortesia de Alinari/Art Resource, Nova York.
13. *A visão de são João* (1608-14), El Greco. Cortesia do Metropolitan Museum of Art, Nova York. Todos os direitos reservados.
14. *O juízo final* (1808), de William Blake. Petworth House, Petworth, Sussex. Grã-Bretanha. Cortesia de National Trust/Art Resource, Nova York.
15. *Los* (1794), de *Livro de Urizen*, de William Blake. Cortesia de Library of Congress Rare Books & Special Collections/Rosenwald Collection, Washington.
16. *Guernica* (1937), Pablo Picasso. Museo del Prado, Madri. Copyright © 1997 Estate of Pablo Picasso/Artists Rights Society (ARS), Nova York. Cortesia de Giraudon/Art Resource, Nova York.